简单彩线钩出时尚小物

【日】寺西惠里子 著　宋天涛 译

かぎ針あみ
モチーフ
小物

江苏凤凰科学技术出版社　凤凰含章

CONTENTS

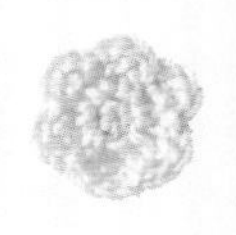

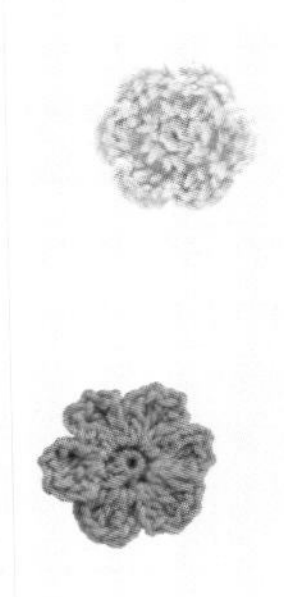

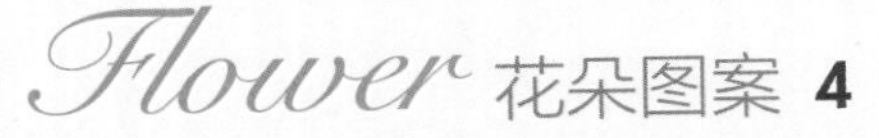

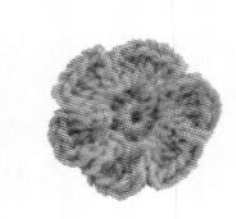

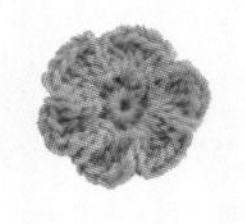

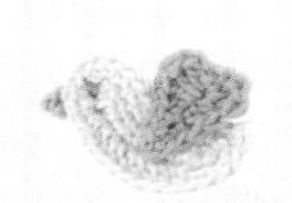

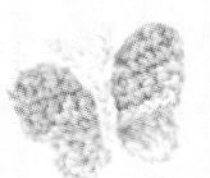

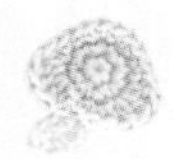

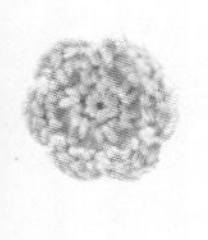

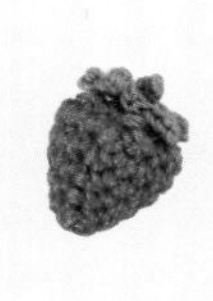

Tea Time

Fashion

Happy Motif

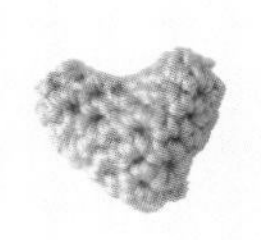

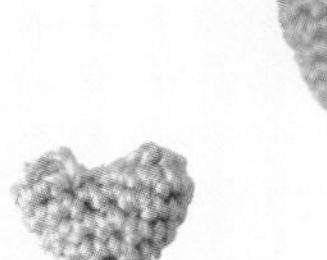

Flower 花朵图案

让人爱不释手的彩线……
选择喜爱的颜色来钩织喜欢的花朵图案吧。
即使只钩织出1朵，
心情也会跟着happy起来哟！

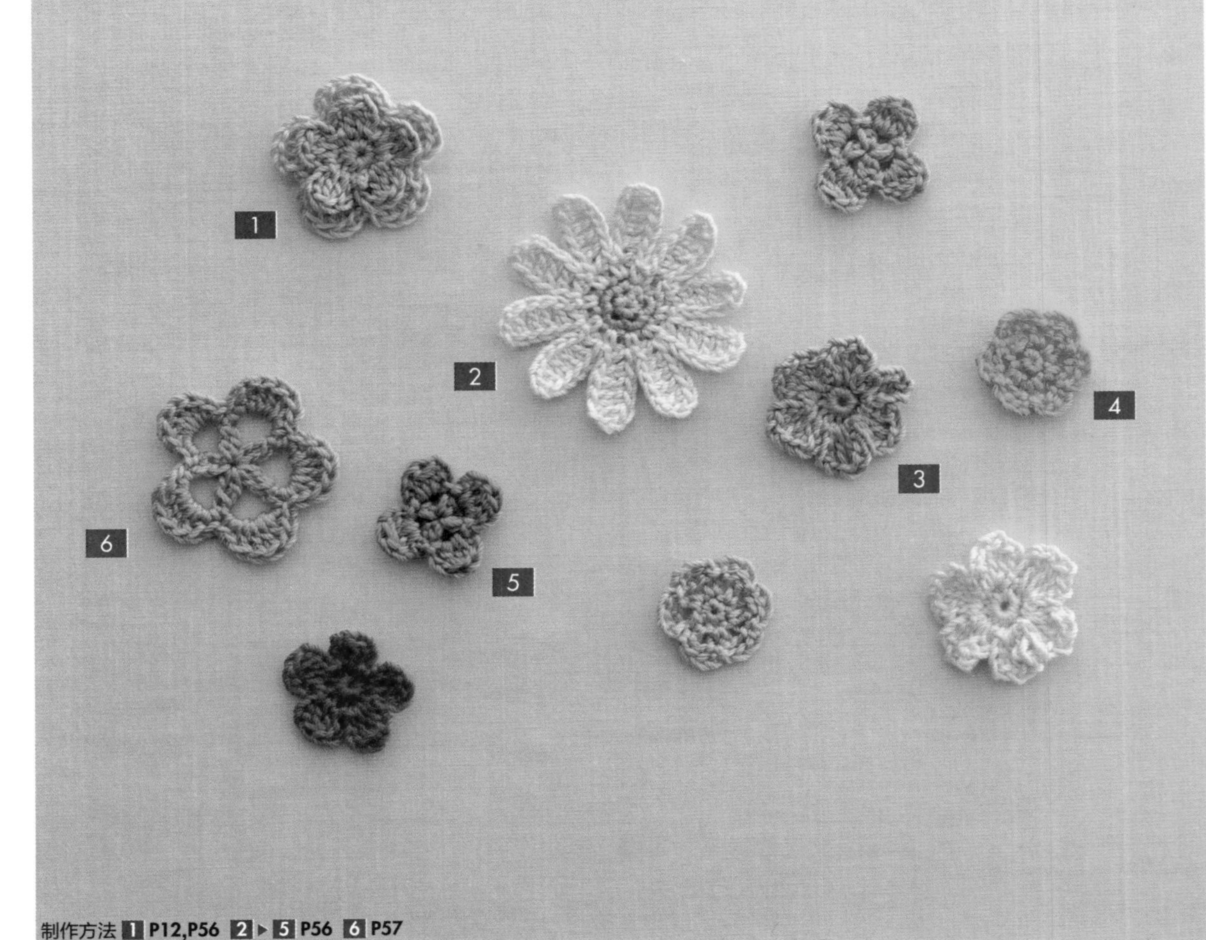

制作方法 1 P12,P56 2 ▶ 5 P56 6 P57

娇小可爱的花朵，
五颜六色，
只需简单地排列一下，
就变成了美丽的花环。

发挥创意，自己做做看。

多彩花朵系绳项链

各种颜色的线钩织出不一样的花朵，
连接在清新的绿色绳线上。
花朵的位置由你决定。

制作方法 7 P57

白色花朵项链

白色象征着美丽纯洁。
在缎带上
点缀上各式花朵，
一条典雅的项链就诞生了。

制作方法 8 P58

花朵发夹

花朵与花朵紧贴在一起，
这花束般的五彩发夹，
透着一种华丽与高贵。

制作方法 **9 P58**

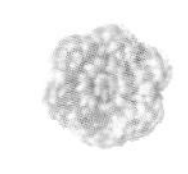

花朵系绳项链

此款系绳项链融合了柔色系毛线，
既成熟又可爱。
花朵和叶子可以随意添加哦。

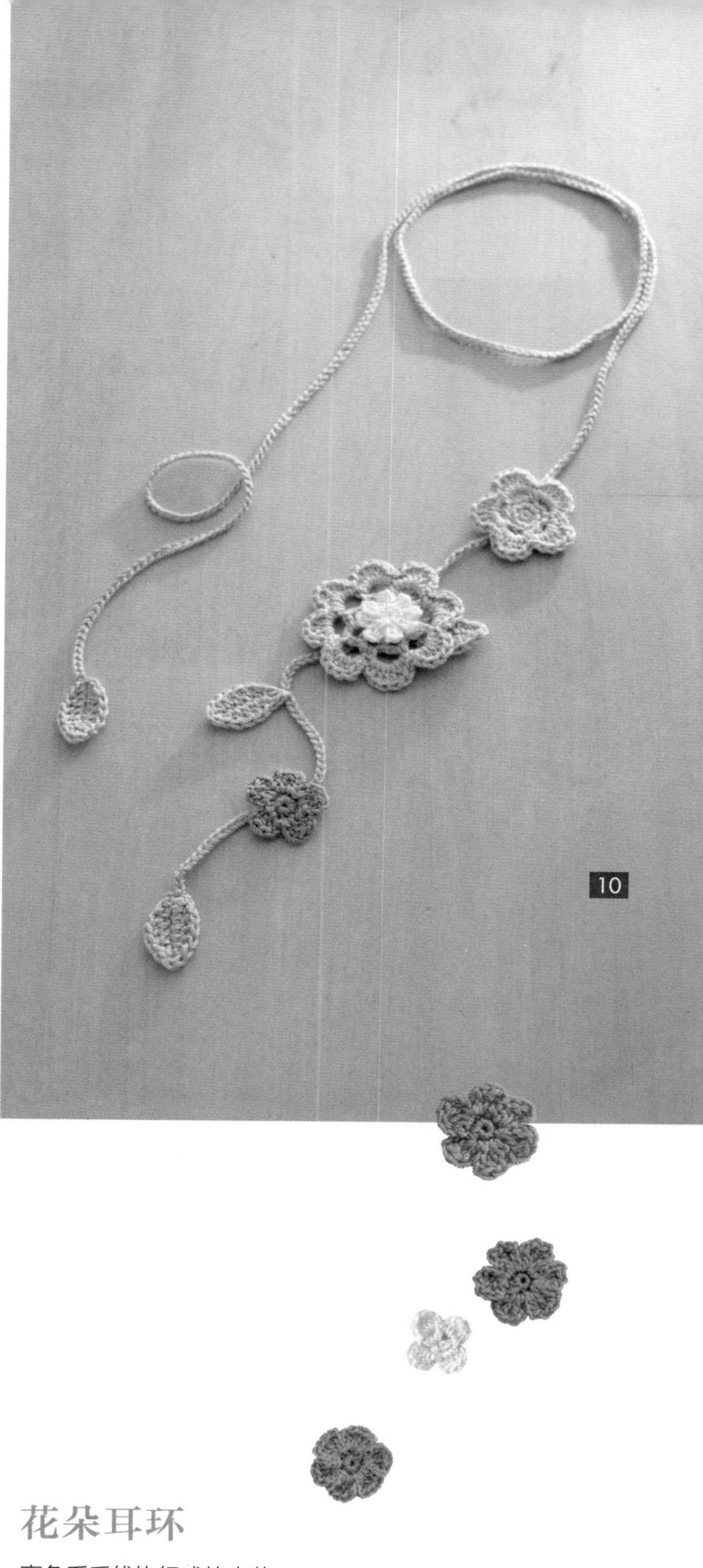
10

11

花朵耳环

亮色系毛线钩织成的小花，
可以制成耳环。
当作礼物也是不错的选择哦。

制作方法 10 P59 11 P60

花朵头绳

多钩织几枚相同形状的花朵，
绑在一起就变成了头绳。
排列不同颜色的花朵也不失为一种乐趣。

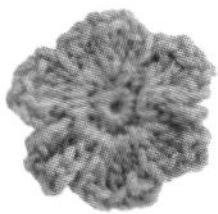

制作方法 12 P59

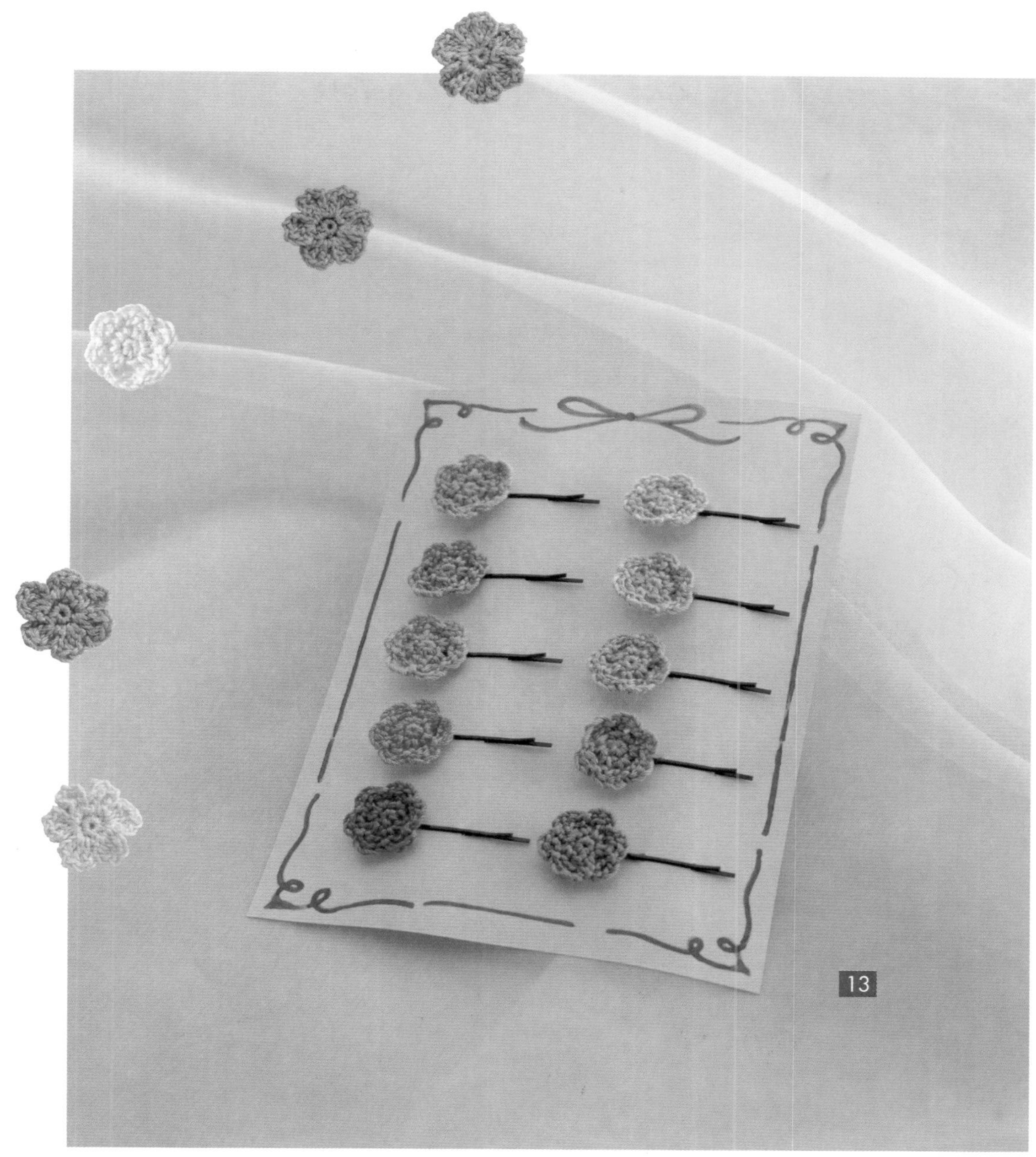

花朵发卡

一朵小花也能做成发卡。
只需一点点时间就能制作完成。
别在衬纸上也很适合作礼物。

制作方法 **13** **P60**

花朵图案钩织法

做环后开始钩织。
只需用基本的钩织方法，就可以轻松完成。
2朵花可以使用不同的颜色哦。

材 料

线

浅粉色适量

深粉色适量

3/0号（2.30mm）钩针

缝衣针

钩织图

[花朵（大）1片]
浅粉色

[花朵（小）1片]
深粉色

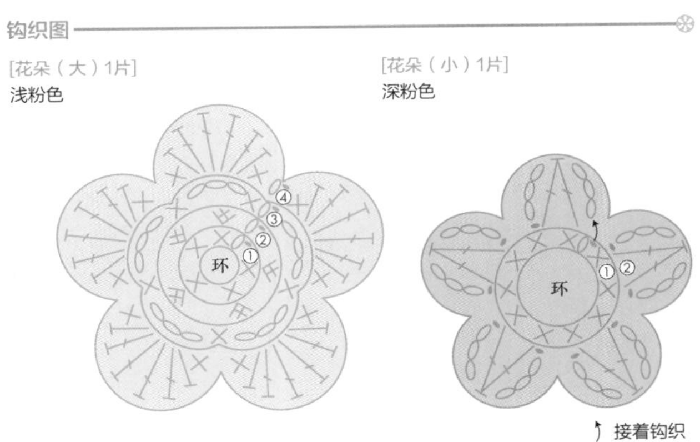

钩织花朵（大）

1 环形起针，钩织第1圈

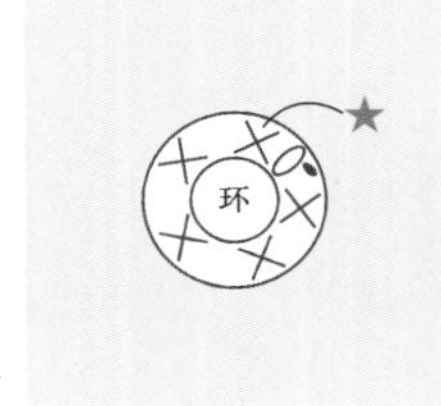

1～3：环形起针方法

1 把线在食指上绕2圈，开始做环。

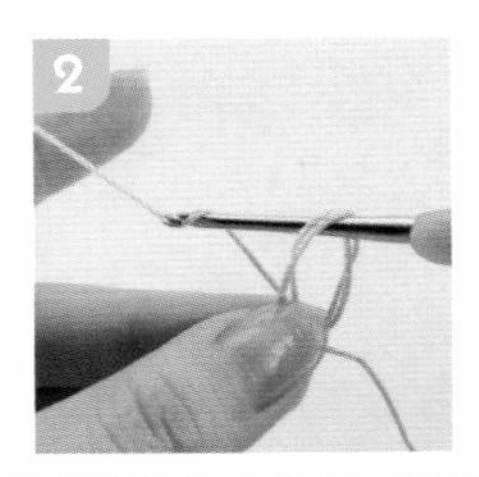

2 把针插入圆圈中挂线。

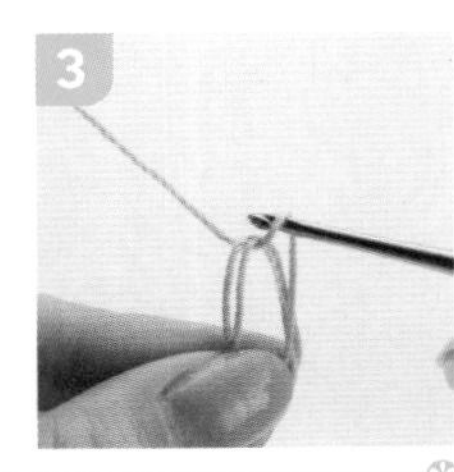

3 拉出线。

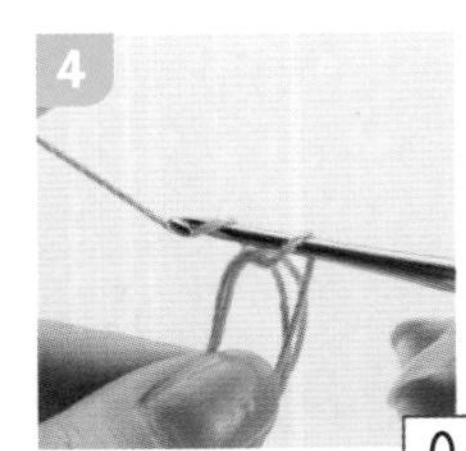

4～5：锁针的钩织方法 0

4 针上挂线。

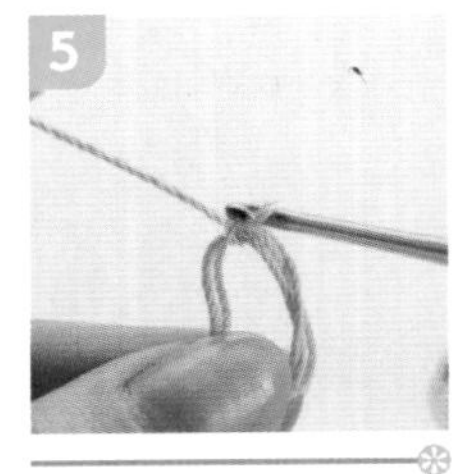

5 引拔。
（1针锁针钩织完成）

6～10：短针的钩织方法 ×

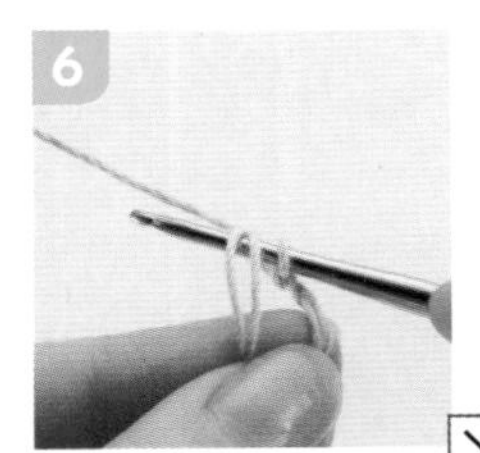

6 把针插入圆圈中。

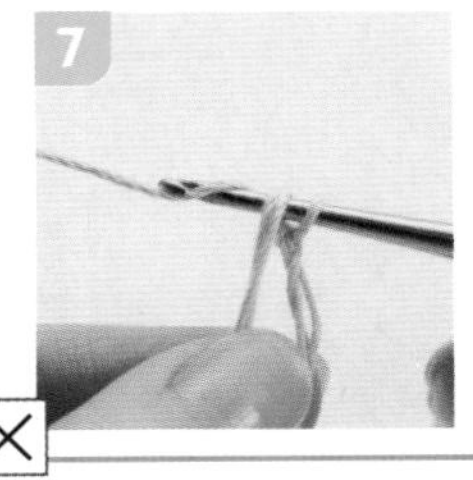

7 针上挂线。

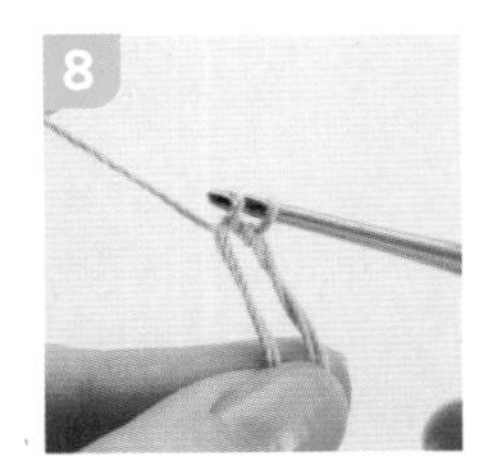

8 把线从圆圈中拉出来。

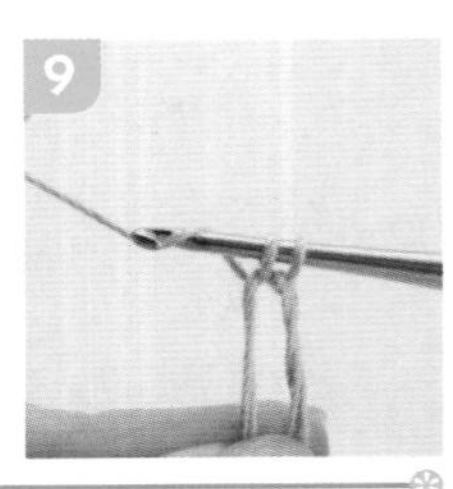

9 针上再挂一次线。

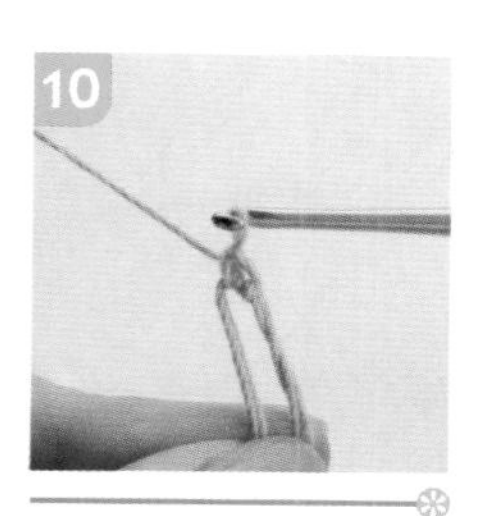

一次引拔2针。
（1针短针钩织完成）

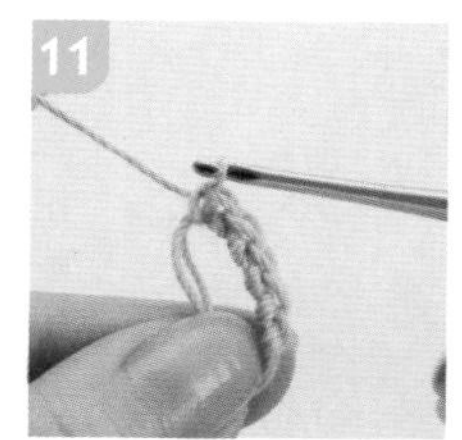

再钩织4针短针，共计5针。

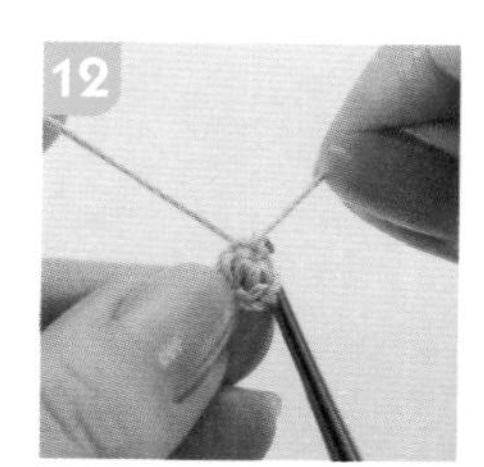

拉紧做好环的线。

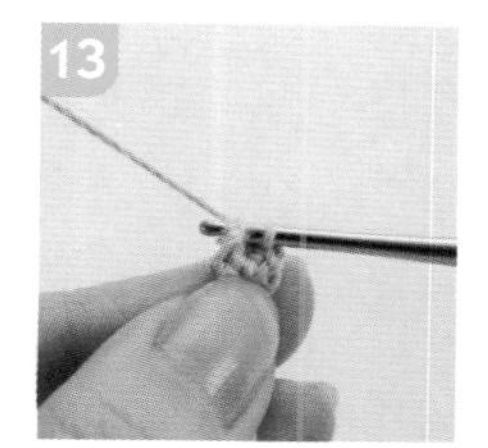

13～14：引拔针的钩织方法

把针插入第1针短针的针眼里（★），挂线。

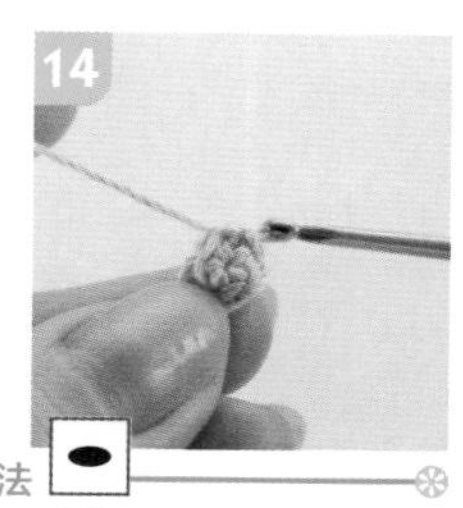

全部引拔。
（引拔针钩织完成）

2 钩织第2圈

1

钩织1针锁针。
（起立针）

2～4：1针分2针短针的钩织方法

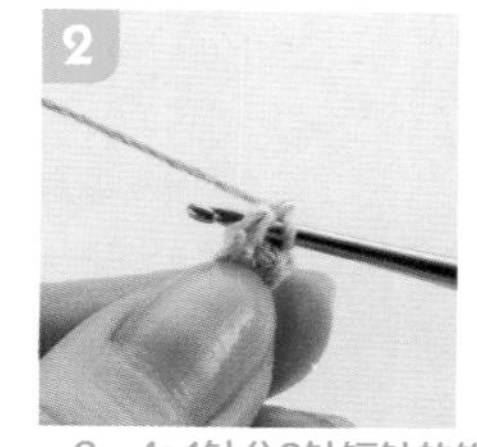

把针插入同一针的针眼里（♥）。

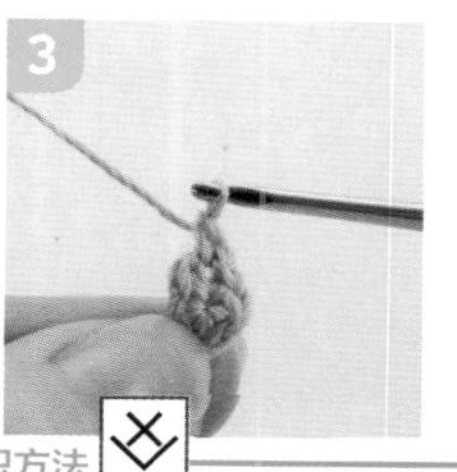

钩织短针。

4

在同一针处再钩织1针短针。
（1针分2针短针钩织完成）

5

再钩织4次1针分2针短针，共计5次。

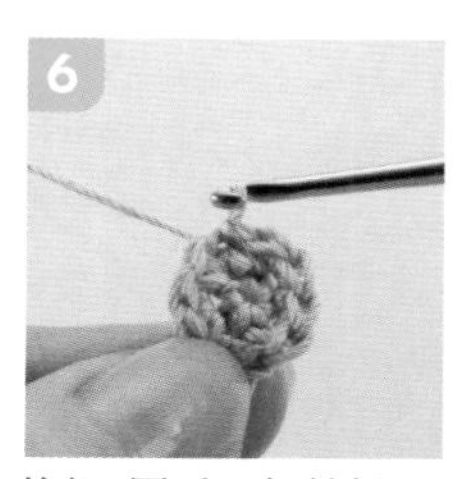

钩织1圈后，把针插入第1针短针的针眼里，钩织引拔针。

3 钩织第3圈

1

钩织1针锁针。
（起立针）

在同一针处钩织1针短针。

钩织3针锁针。

跳过1针，把钩针插入下一针的针眼里，钩织短针。

重复3次步骤3~4，然后钩织3针锁针。

把钩针插入第1针短针的针眼里，钩织引拔针。

4 钩织第4圈

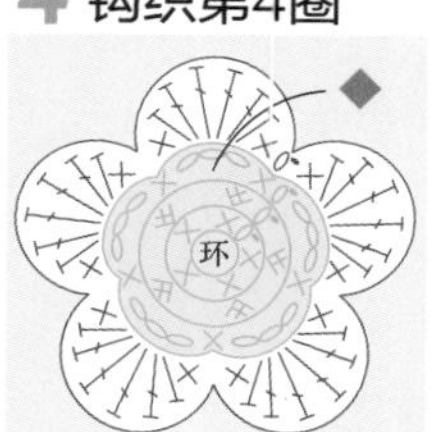

4 钩织第4圈

钩织1针锁针。
（起立针）

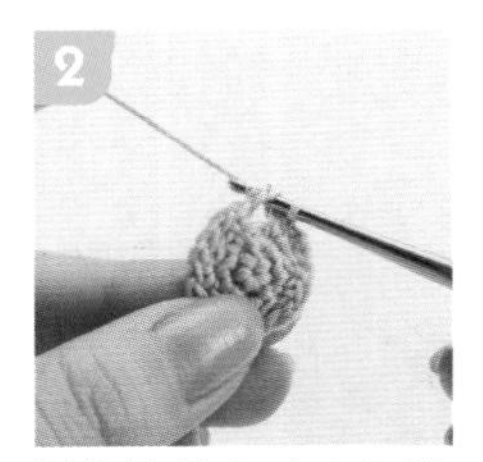

把钩针插入（◆）缝隙里。

钩织短针。

4~6：中长针的钩织方法

针上挂线，把钩针插入同一个缝隙里。

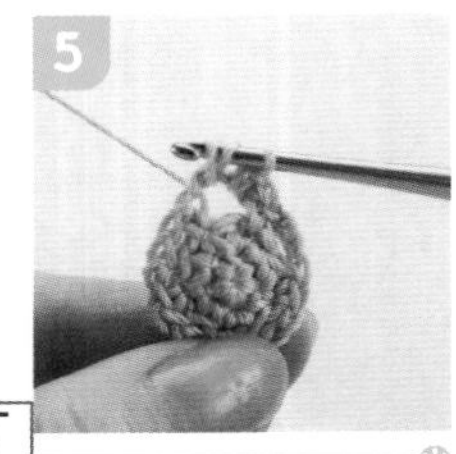

针上挂线，引拔1针。

针上挂线，一次全部引拔。
（1针中长针钩织完成）

7~12：长针的钩织方法

针上挂线，把钩针插入缝隙里。

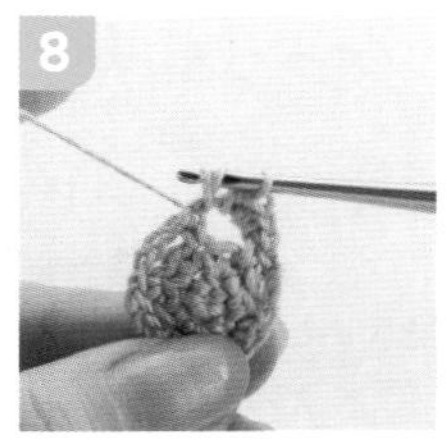

针上挂线，引拔1针。

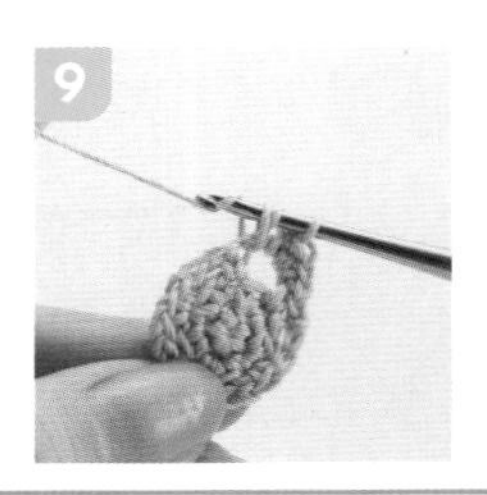

针上挂线。

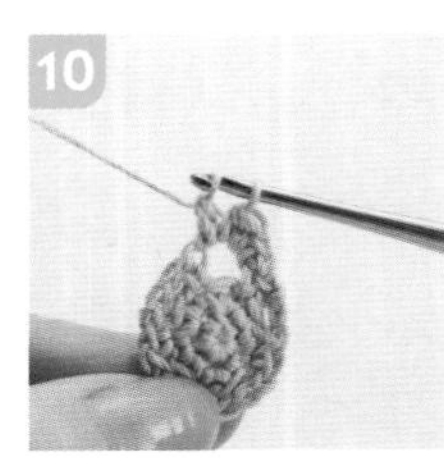

引拔2针。

针上再挂一次线。

引拔2针。
（1针长针钩织完成）

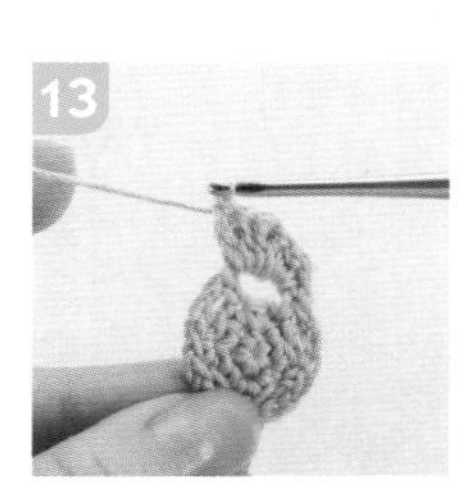

再钩织3针长针。

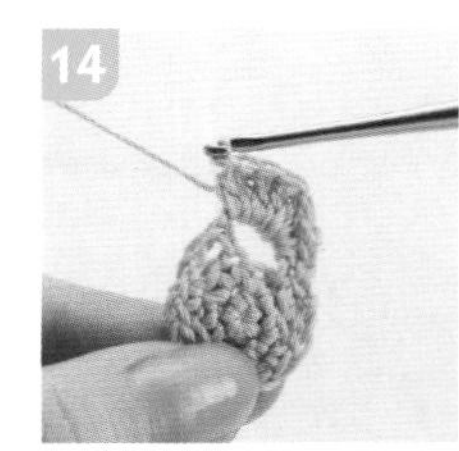

钩织1针中长针。

钩织1针短针。

再重复4次步骤2~15，共钩织5次。

把钩针插入第1针短针的针眼里，挂线，引拔1针。

18~20：钩织完成后线头的处理方法

大约留出10cm的线，剪断。

抽出钩针，把线头穿过圆圈拉紧，再把线穿到缝衣针上。

在背面来回各穿3针，压好线头，一片花朵（大）制作完成。

钩织花朵（小）

5 环形起针，钩织第1圈

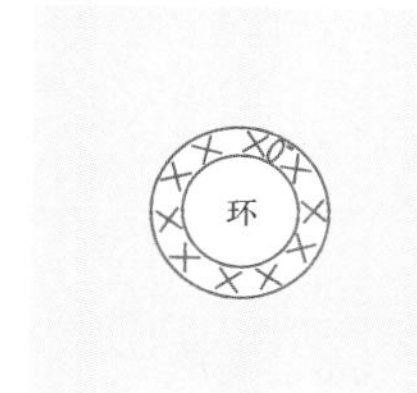

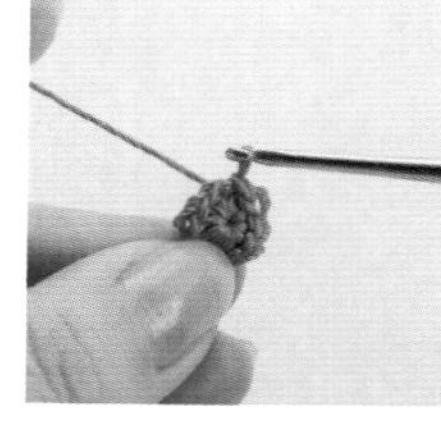

钩织开头处的线留得长一些。环形起针时，钩织起立针和10针短针，在第1针短针的针眼处引拔。

6 钩织第2圈

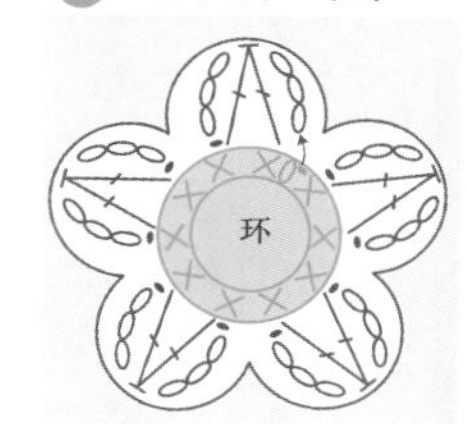

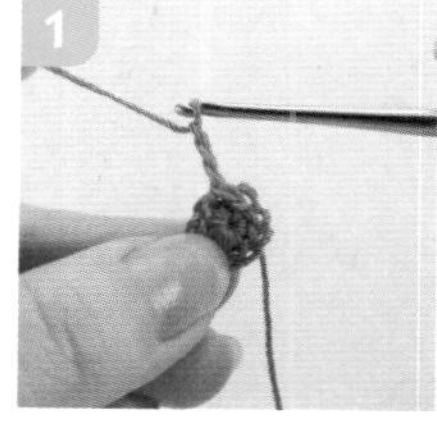

1 钩织3针锁针。

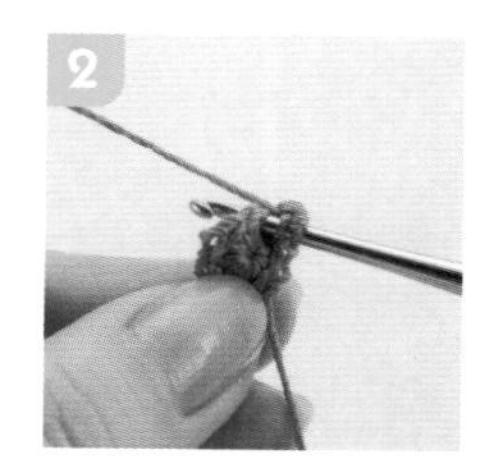

2~8：长针2针并1针的钩织方法

2 针上挂线，把钩针插入同一针的针眼里。

2~8：长针2针并1针的钩织方法

3 针上挂线，引拔1针。

4 针上挂线，引拔2针。

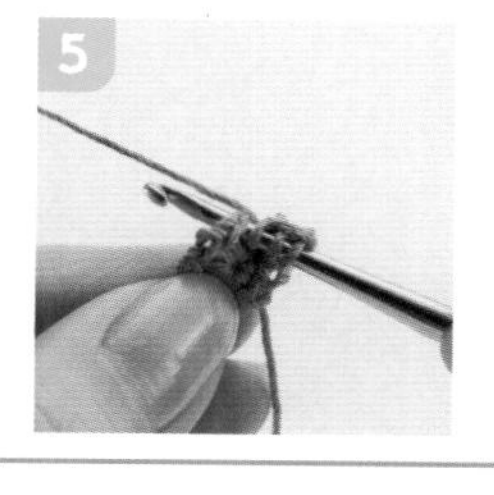

5 针上挂线，把钩针插入下一针的针眼里。

6 针上挂线，引拔1针。

7 针上挂线，引拔2针。

8 针上挂线，一次全部引拔。

（长针2针并1针钩织完成）

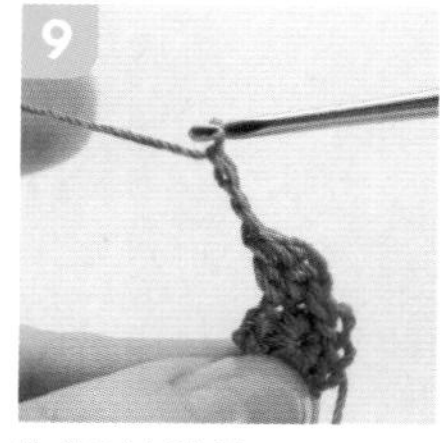

9 钩织3针锁针。

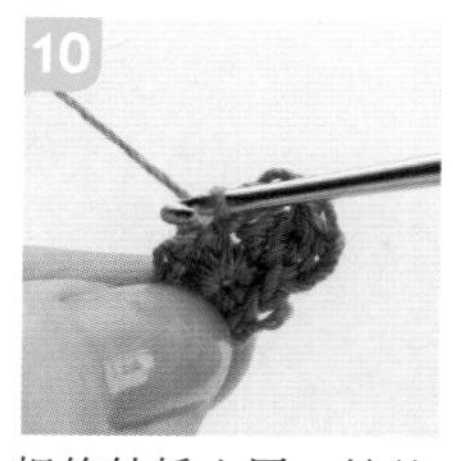

10 把钩针插入同一针的针眼里，针上挂线，钩织引拔针。

11 把钩针插入下一针的针眼里，针上挂线，钩织引拔针。

12 重复3次步骤1～11，重复1次步骤1～10。

13 留出钩织前的线，处理好线头，一片花朵（小）制作完成。

7 缝合2片花朵

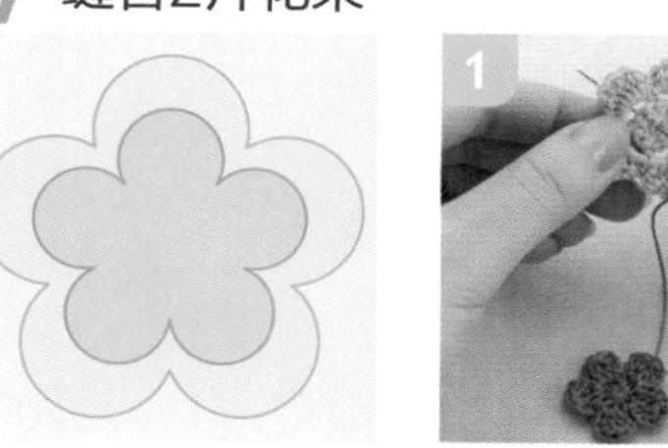

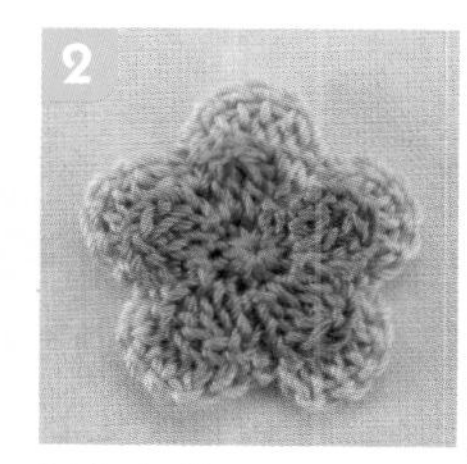

1 把钩织花朵（小）前留出的线穿到缝衣针上，再把针穿过花朵（大）的中心缝合。

2 制作完成。

Square & Round Flower 方形和圆形花朵图案

各式各样的花纹围绕在花朵周围，
既能做成圆形又能变成方形。
把样式相同的相互连接起来，
图案会更加生动，散发出不同的魅力。

方形花朵小袋

立体花朵图案和缤纷的颜色，
点缀着可爱的小袋。
一朵一朵细心地钩织吧。

14

制作方法 14 P61

圆形花朵杯垫

端起杯子时一眼就能看见可爱的花朵。
给家人制作不同颜色的杯垫吧。

杯垫贺卡

把1枚图案贴在贺卡上，
一份漂亮独特的礼物诞生了。

制作方法 15 16 P60

方形花朵杯垫

把主题图案连着钩起来，
就变成了1张杯垫。
再添上一朵立体花怎么样？

制作方法 17 P21

方形花朵迷你手提包

深浅不一的粉色，
散发着甜美气息的手提包。
闪耀在其中的白色很显眼吧。

制作方法 **18** P62

方形图案、方形花朵杯垫钩织法

绕着基础花朵周围一圈一圈地钩织，织成正方形，再把主题图案连接起来。既可以作杯垫，也可以做成小钱包。

材料

线

淡蓝色适量

橙黄色适量

本色适量

深橘色适量

3/0号（2.30mm）钩针

缝衣针

钩织图

[主题图案 · 4片]
淡蓝色 · 本色 · 2片
橙黄色 · 淡蓝色（第7圈）· 本色 · 2片

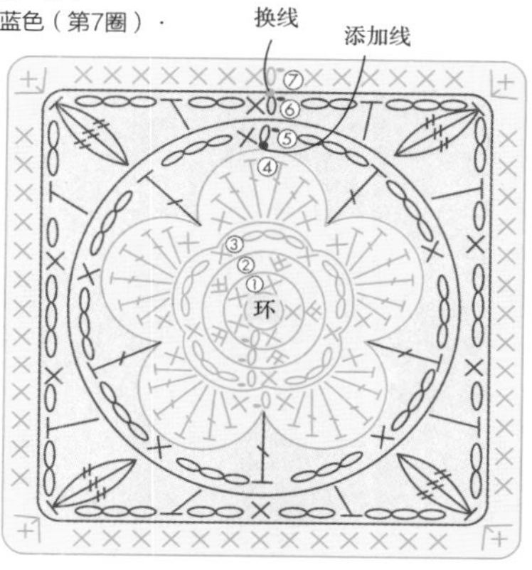

1 钩织2种花朵

淡蓝色、橙黄色花朵（大）各钩织2片。
※钩织方法和P12花朵（大）相同

钩织1片深橘色花朵（小）。
※钩织方法和P15花朵（小）相同

2 钩织第5圈

把钩针插入淡蓝色花瓣顶端处（★），挂一条本色线。

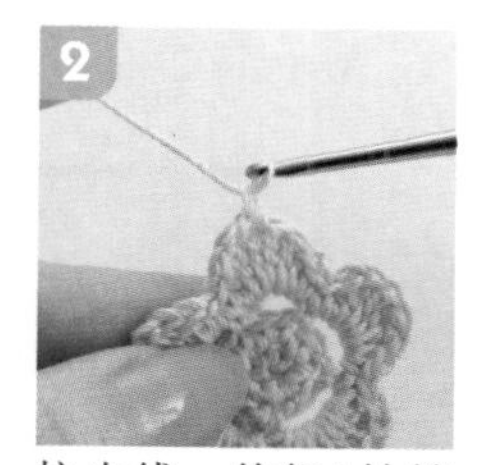

拉出线，钩织1针锁针。（起立针）
※锁针的钩织方法请参照P12

在同一针处钩织短针。
※短针的钩织方法请参照P12

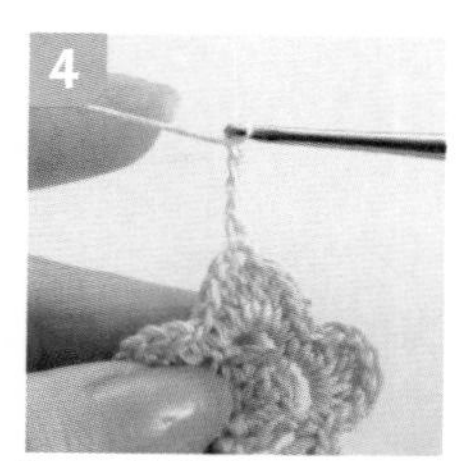

钩织3针锁针。

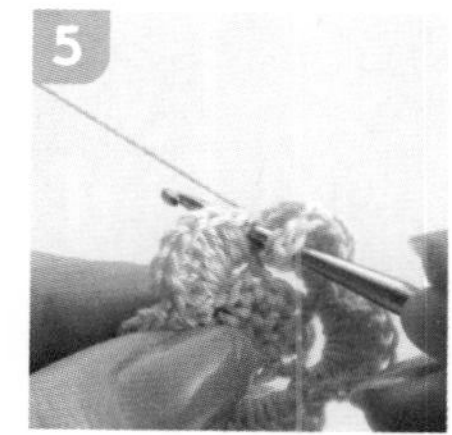

挂线，把钩针插入花瓣与花瓣之间的针眼里。

钩织长针。
※长针的钩织方法请参照P14

钩织3针锁针。

在花瓣的顶端处钩织短针。

重复3次步骤4~8，重复1次步骤4~7，把钩针插入第1针短针的针眼里，钩织引拔针。

※引拔针的钩织方法请参照P13

3 钩织第6圈

钩织1针锁针（起立针）和1针短针。

钩织2针锁针。

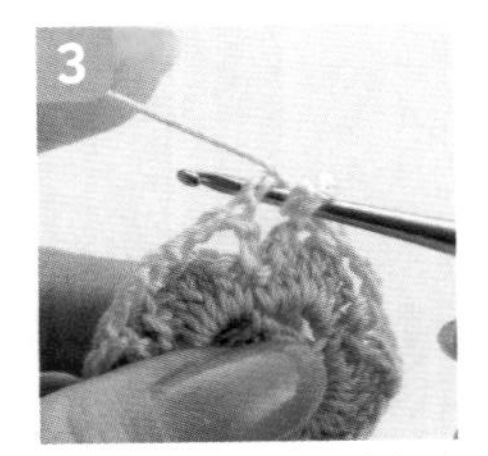

针上挂线，把针插入（♥）的缝隙里。

钩织中长针。

※中长针的钩织方法请参照P14

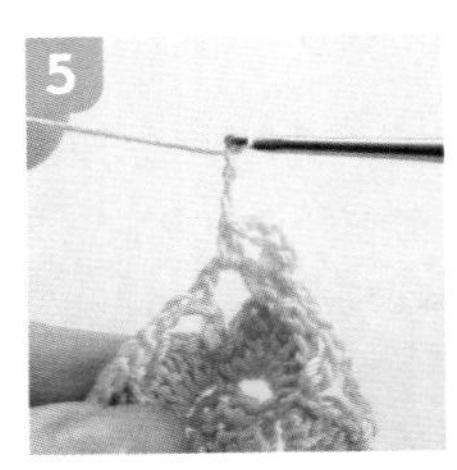

钩织3针锁针。

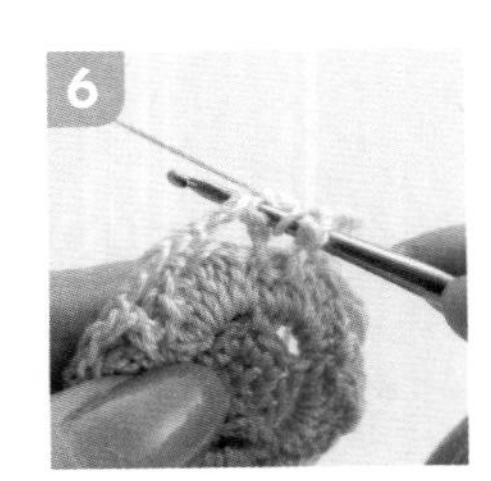

6~12：长长针3针的枣形针的钩织方法

针上挂2次线，把针插入上一圈长针的针眼里。

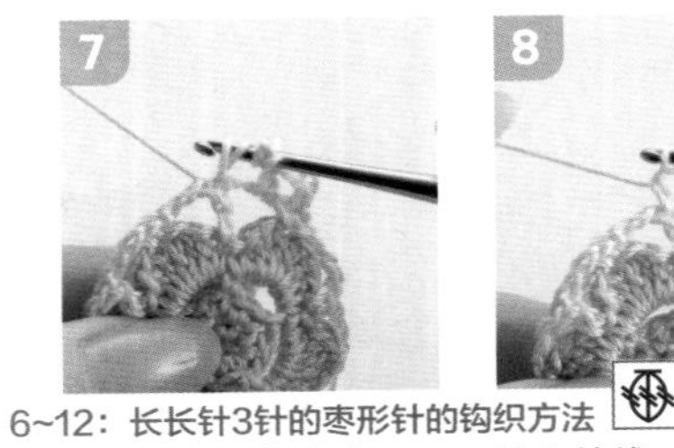

6~12：长长针3针的枣形针的钩织方法

针上挂线，拉出来。

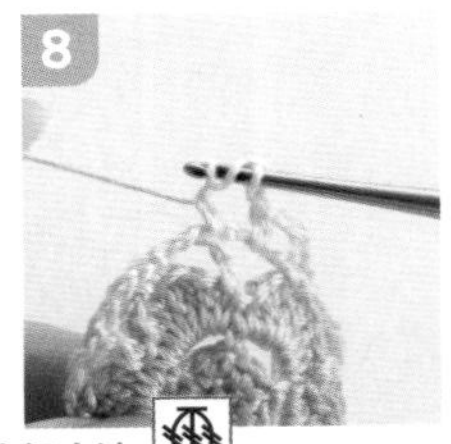

针上挂线，引拔2针。

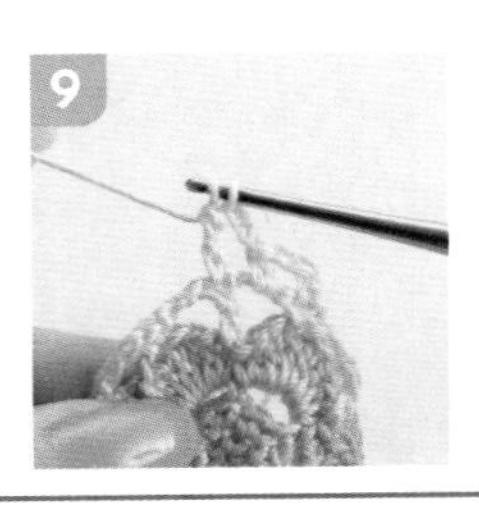

再挂一次线，引拔2针。

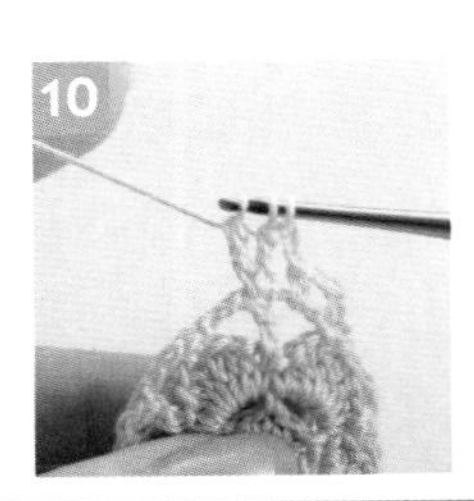

针上挂2次线，把针插入同一针眼里，重复步骤7~9。

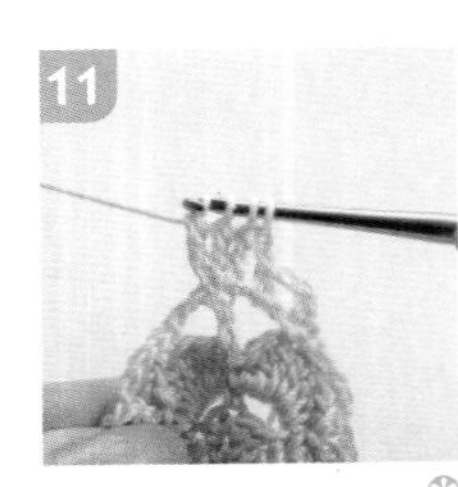

再重复一次步骤10。

针上挂线，一次引拔。（长长针3针的枣形针钩织完成）

钩织2针锁针。

针上挂线，把针插入（■）里，钩织中长针。

钩织1针锁针。

在上一圈的短针针眼处钩织1针短针。

按照钩织图一直钩织，直至钩织到引拔针前。

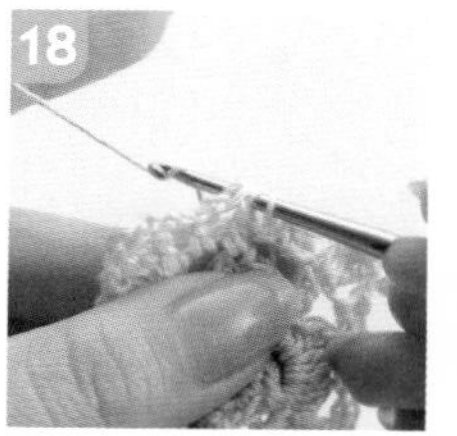

18~19：换线方法

把针插入第1针的针眼里，针上挂下一圈的线（此处开始是淡蓝色）。

全部引拔。

4 钩织第7圈

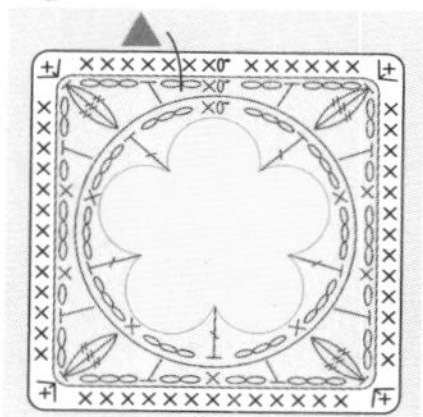

钩织1针锁针（起立针）和短针。

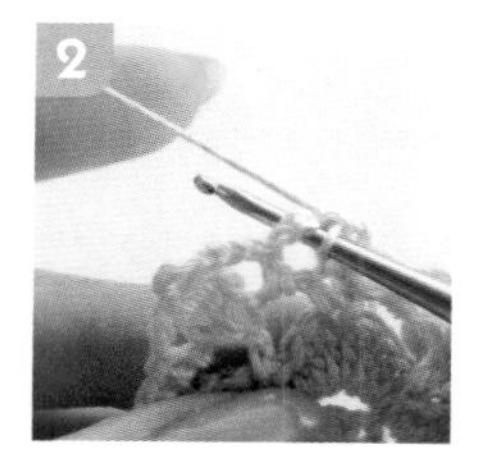

把针插入（▲）的缝隙里。

钩织2针短针。

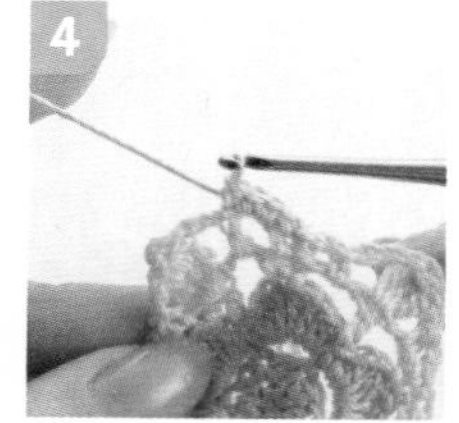

把针插入上一圈中长针的针眼里，钩织短针。

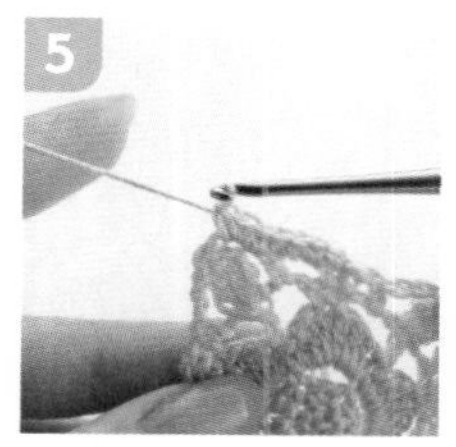

把针插入下一个缝隙里，钩织3针短针。

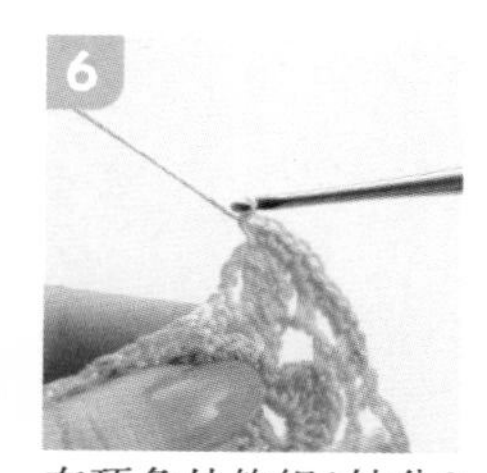

在顶角处钩织1针分3针短针。

※ 1针分3针短针的钩织方法请参照P48

按照钩织图钩织1圈，把针插入第1针的针眼里，钩织引拔针，钩织完成。

其他3片花朵（大）也按照此方法钩织，共钩织4片。

5 连接

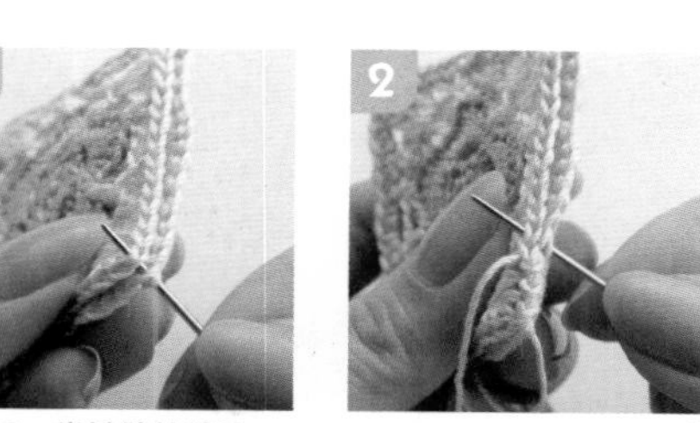

1~2：卷针缝的缝法

各拿1片淡蓝色、橙黄色织片，将它们正面向外叠在一起，把缝衣针插入2个顶角。

针眼与针眼对齐，然后缝合。

2片连接完成。

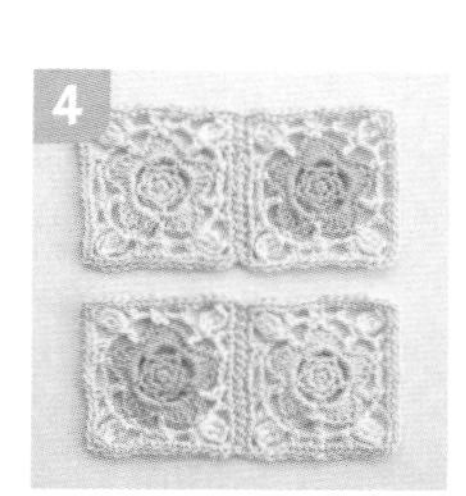

剩余2片也用卷针缝的方法连接起来。

使用卷针缝把上下缝合连接起来。

把花朵（小）添加在浅橘色花朵（大）上，制作完成。

Plane 平面图案

锁针和短针的完美结合，
可以创造出任何形状。
丰富的颜色变化，
也是钩织的乐趣所在。

制作方法 19 24 26 28 P63 20 25 P64 21 22 27 P65 23 P28

就像在圆圈线束上
做颜色游戏一样，
点缀上可爱的主题图案吧。

发挥创意，自己做做看。

平面图案的小发饰

小巧的图案
非常适合制成发饰。
与时装搭配也十分协调。

29

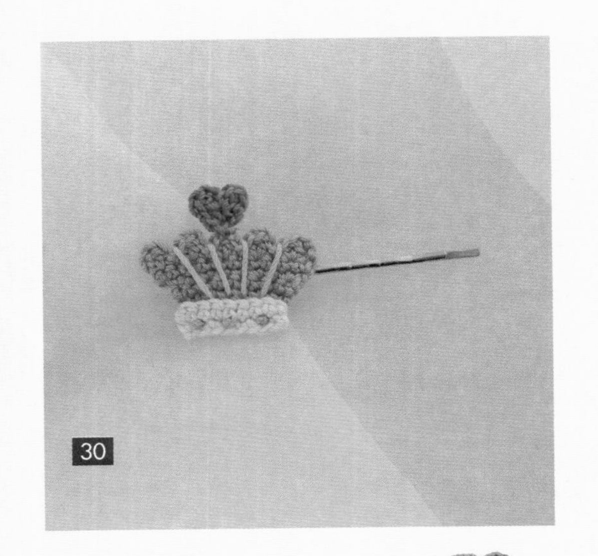
30

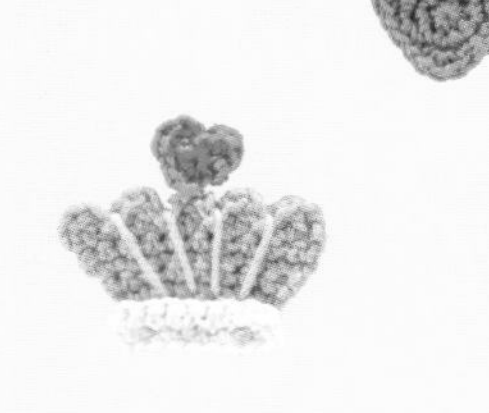

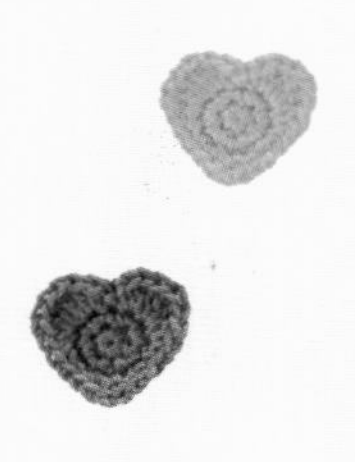

31

制作方法 29 ▶ 31 P64

平面图案的卡片

用钩织出的
西瓜图案制成的慰问卡，
或用苹果图案制成的感谢卡，
任谁收到都会开心不已吧！

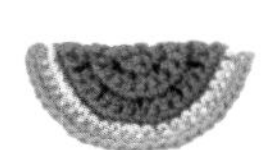

制作方法 32 ▶ 34 P65

蝴蝶结图案钩织法

蝴蝶结由3部分组装而成。
要点是钩织做环的锁针时尽量使其不要扭曲。
可以当作发饰或首饰。

材料

线

淡蓝色适量　　本色适量

3/0号（2.30mm）钩针　　缝衣针

钩织图

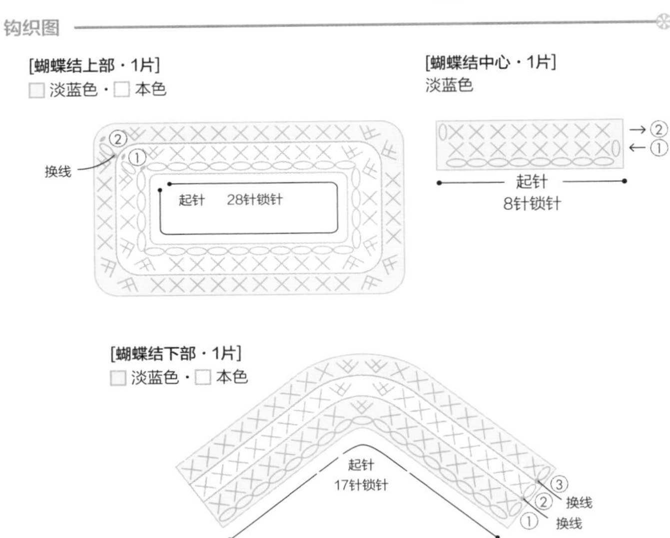

钩织蝴蝶结上部

1 钩织第1圈

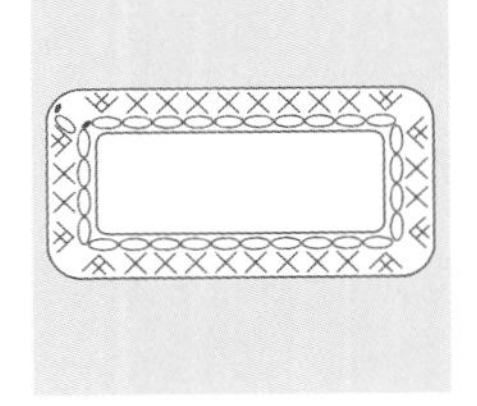

钩织28针锁针。
※ 锁针的钩织方法请参照P12

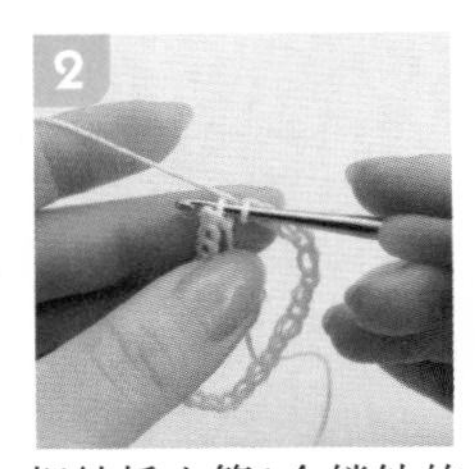

把针插入第1个锁针的内山。

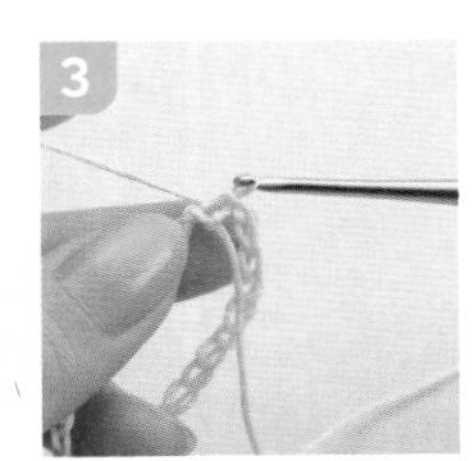

针上挂线，钩织引拔针。
※ 引拔针的钩织方法请参照P13

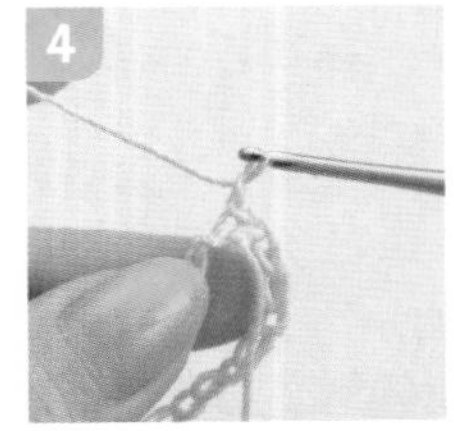

钩织1针锁针。（起立针）

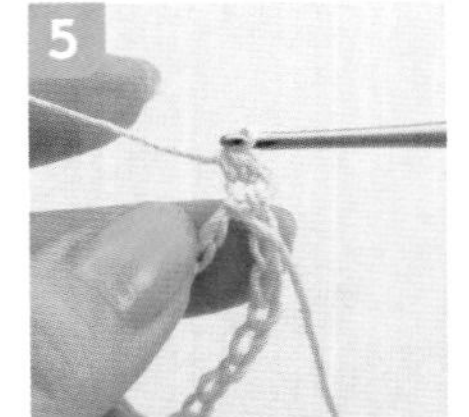

在同一针里钩织1针分2针短针。
※ 1针分2针短针的钩织方法请参照P13

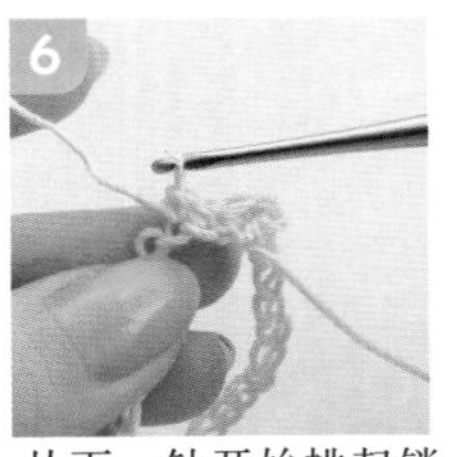

从下一针开始挑起锁针的内山，钩织短针。
※ 短针的钩织方法请参照P12

按照钩织图钩织，尽量使其不要扭曲，钩织1圈。

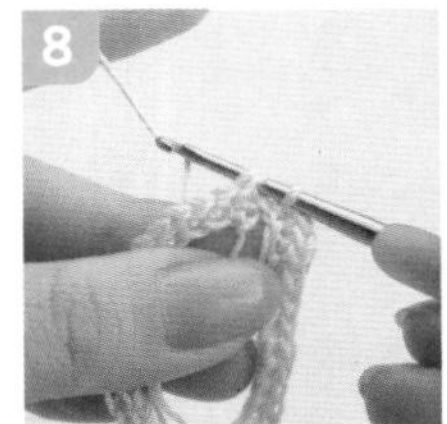

把针插入第1针短针的针眼里，把下一圈的线挂在钩针上。

钩织引拔针。

2 钩织第2圈

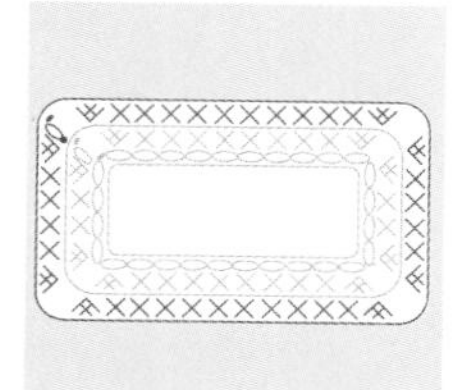

按照钩织图钩织第2圈，处理好线头。

3 钩织第1圈

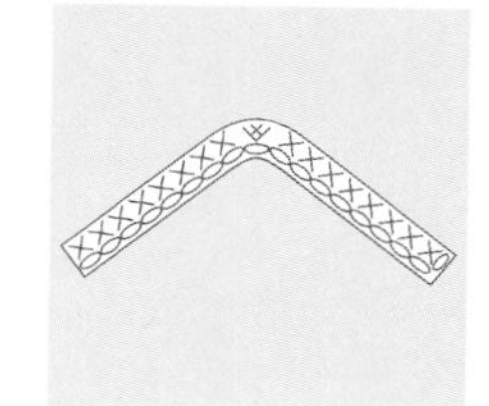

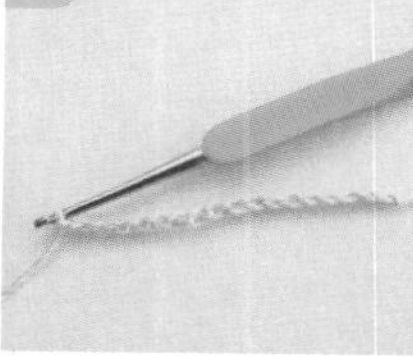

钩织18针锁针。（第1针是起立针）

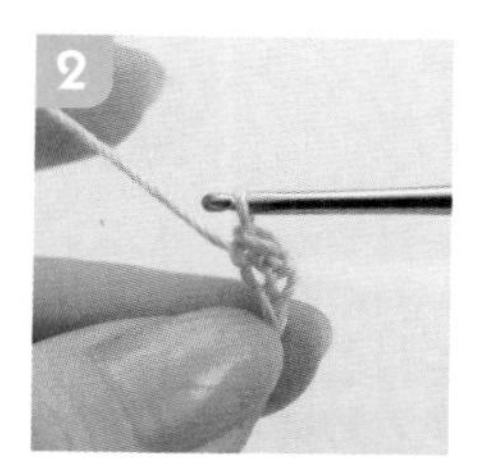

把针插入第2针里，钩织短针。

按照钩织图钩织1圈。

4 钩织第2~3圈

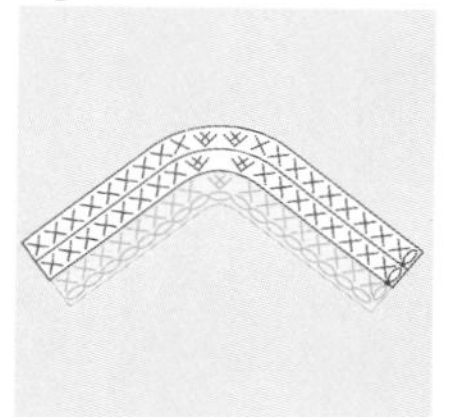

把针插入第1针里，把下一圈的线挂在钩针上。

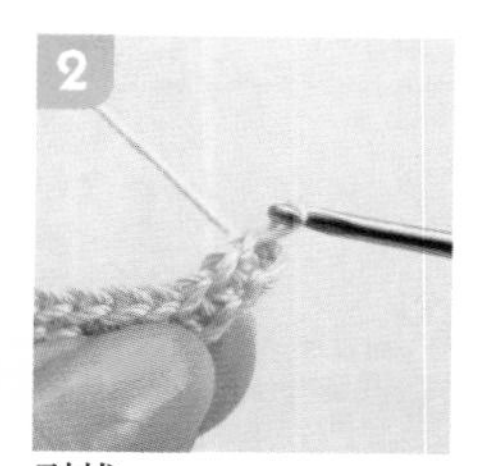

引拔。

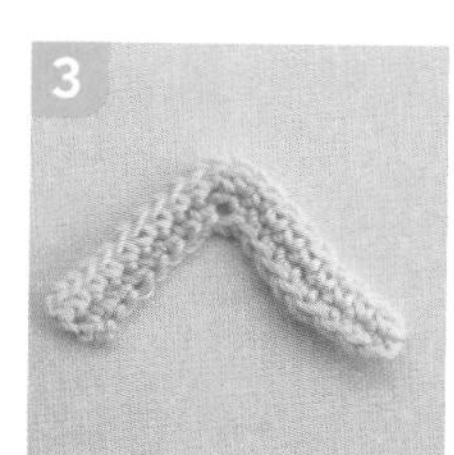

按照钩织图钩织第2圈，处理好线头。

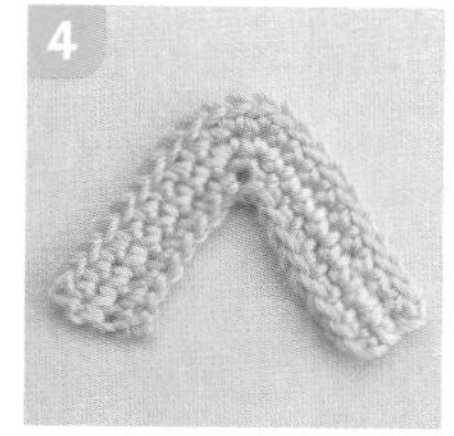

再换一根线，按照步骤1~3钩织第3圈。

5 钩织蝴蝶结中心

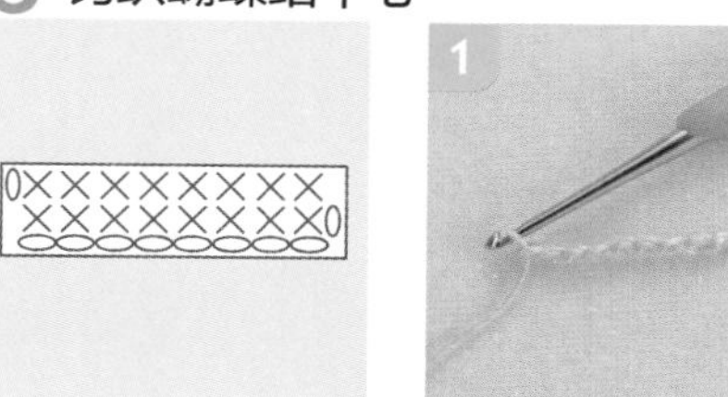

钩织9针锁针。（第1针是起立针）

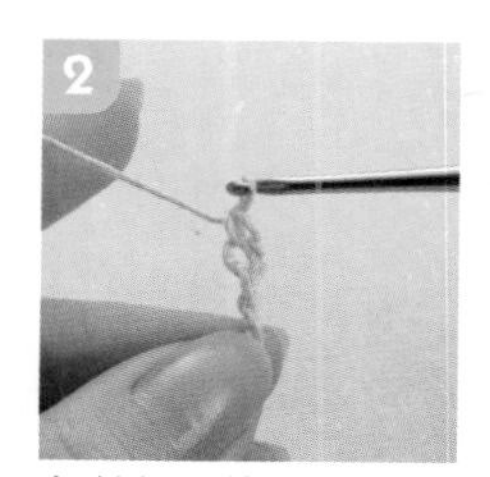

把针插入第2针里，钩织短针。

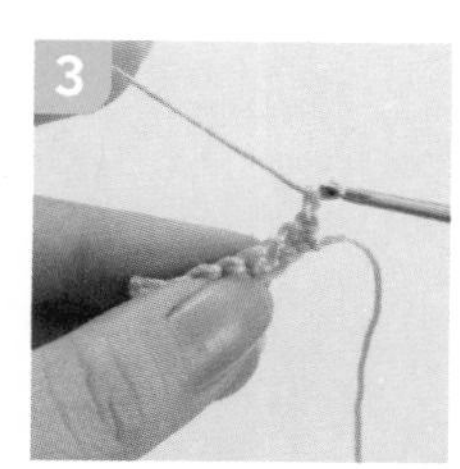

钩织7针短针，返回到背面，钩织起立针。

钩织8针短针。

6 组装

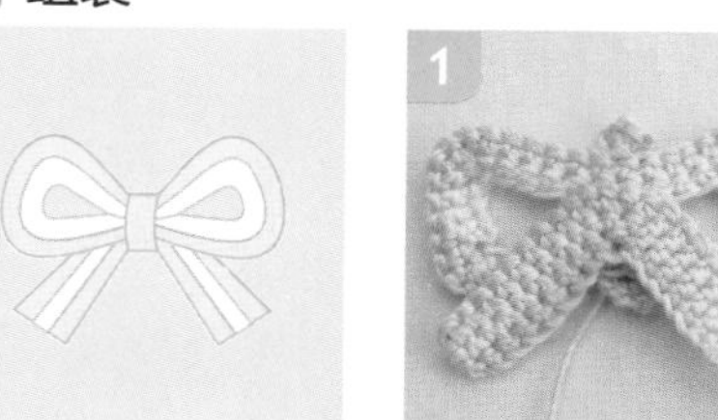

把蝴蝶结下部叠放在蝴蝶结上部的背面。

把蝴蝶结中心卷起来，将剩余的线穿在缝衣针上，把两端缝合起来。

处理好线头，制作完成。

Fashion 时尚小物

小巧的帽子或包包……
身边的物品都可以钩织出来，
来打造一个萌萌的世界吧。

制作方法 35 ▶ 37 39 P66 38 40 P67

迷你手提袋

可爱小巧的条纹手提袋。
用皮绳穿起来，
一条可爱的项链就诞生了。

制作方法 41 P34,P67 42 P68

手提包

学会短针后，
就试着来钩织一个迷你小包吧。
挑选出喜爱的颜色和形状，
快来挑战吧。

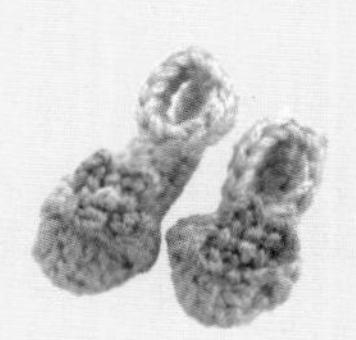

夏季时尚小物

钩织完成后把它们串起来，
就变成了夏季包包上的迷人小装饰。
也可以挂在手机上哦。

制作方法 43 44 P68 45 46 P69

美妆小物

小小的化妆水瓶、
香水瓶、小镜子……
穿上链子就变成一件首饰了哦。

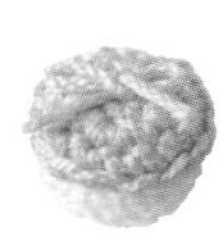
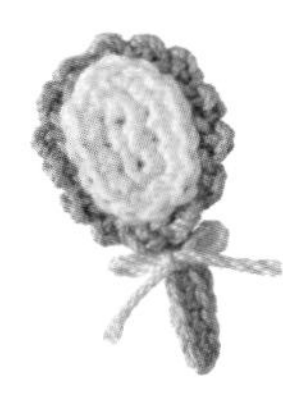

制作方法 47 ▶ 49 P70 50 P69

手提袋钩织法

只需用到短针，
一眨眼的功夫就能完成。
再牢牢地安上提手，
就越发像真的一样。

材　料

线

深粉色适量　　淡茶色适量

3/0号（2.30mm）钩针　　缝衣针

钩织图

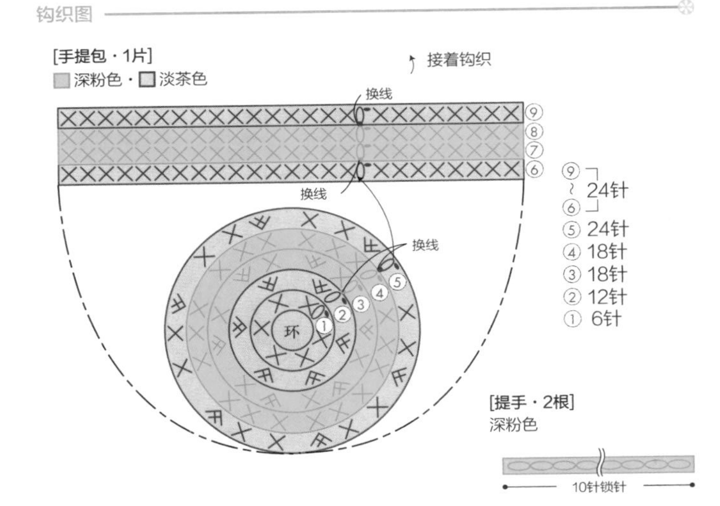

1 环形起针，钩织第1圈

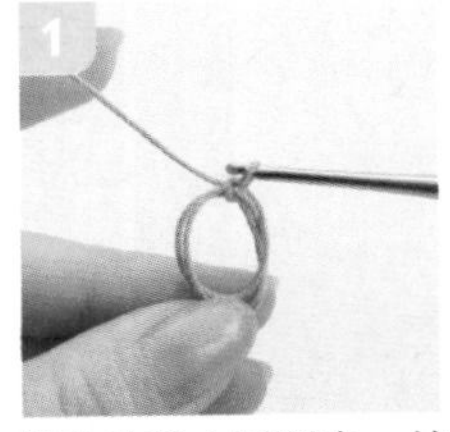

把钩针插入圆圈中，挂线，钩织锁针。（起立针）

※环形起针方法请参照P12

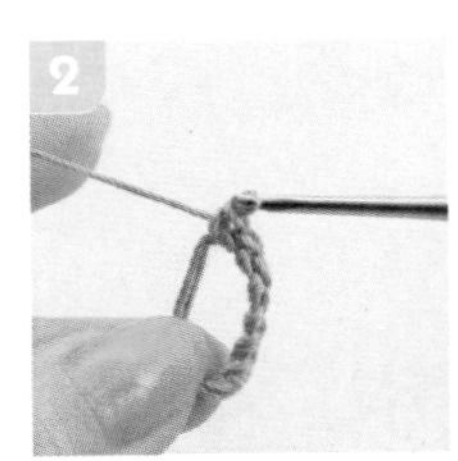

钩织6针短针。

※短针的钩织方法请参照P12

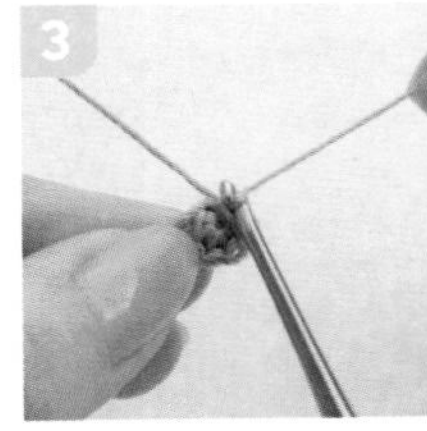

拉紧做好环的线。

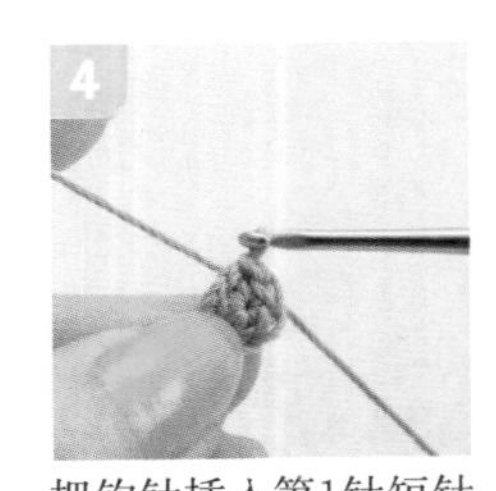

把钩针插入第1针短针的针眼里（★），钩织引拔针。

※引拔针的钩织方法请参照P13

2 钩织第2圈

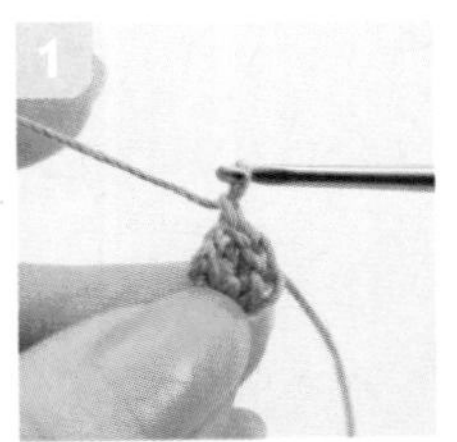

钩织1针锁针。（起立针）

把钩针插入同一针的针眼里（♥），钩织1针分2针短针。

※1针分2针短针的钩织方法请参照P13

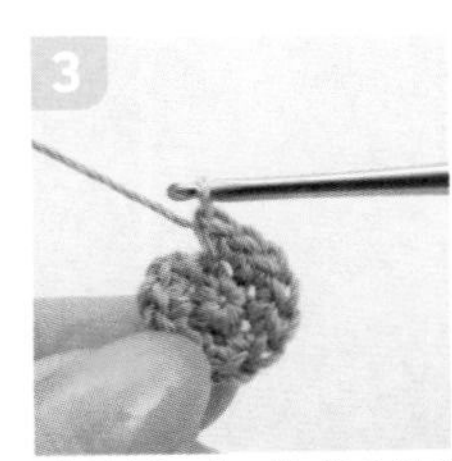

再重复5次1针分2针短针，共计6次。

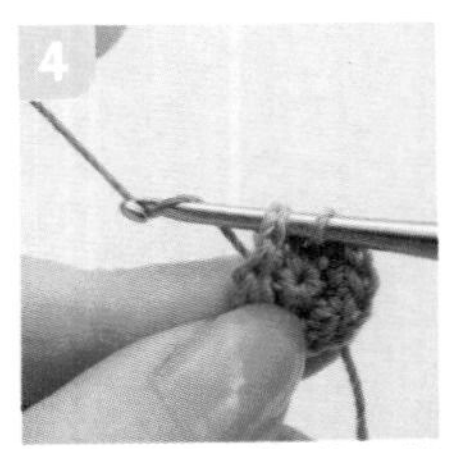

把钩针插入第1针短针的针眼里，针上挂下一圈的线。

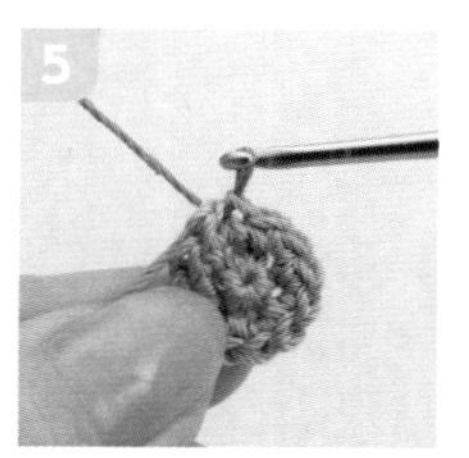

全部引拔。

3 钩织第3圈

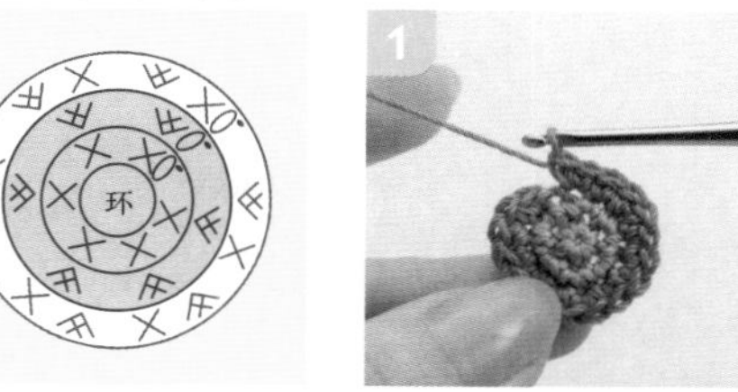

按照钩织图钩织1圈。

把钩针插入第1针短针的针眼里，钩织引拔针。

4 钩织第4~9圈

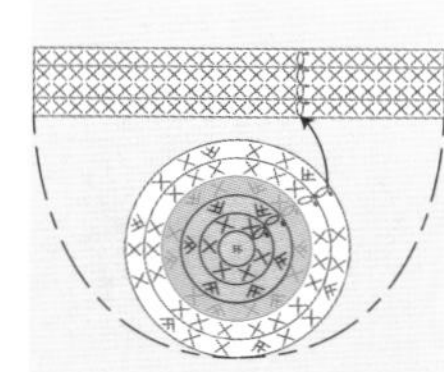

按照钩织图，一边换颜色一边钩织到第9圈。

5 钩织提手，连接到包上

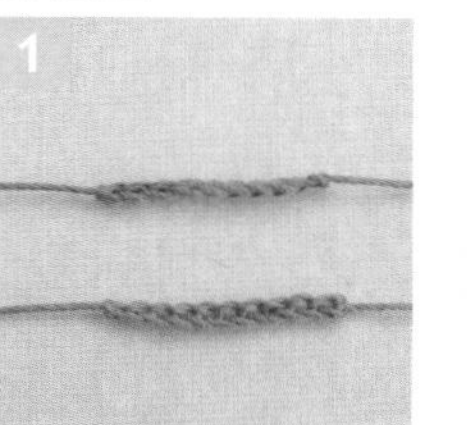

钩织10针锁针，织2条。开端线和结尾线要留得长一些。

把提手一端的线穿入缝衣针，将提手缝合在手提包的第9圈上。

在背面再穿一次针。

做环打结，尽量连接得牢固些，防止提手脱落。空出4针，把另一端的线头以相同方法缝合在手提包上。

从步骤4的位置开始空出6针，再用相同方法把另一根提手缝合在手提包上，制作完成。

Tea Time 下午茶时光

茶杯与马卡龙的美丽邂逅，
构成超萌、超可爱的甜点。
你想拥有惬意的下午茶时光吗？
那就快来钩织茶点小物吧。

水果首饰

颜色、形状超可爱的各种水果，
外形小巧，瞬间就能钩织出来。
串起来就是漂亮的项链哦。

制作方法 51 ▶ 54 P71 55 ▶ 58 P72 59 P75

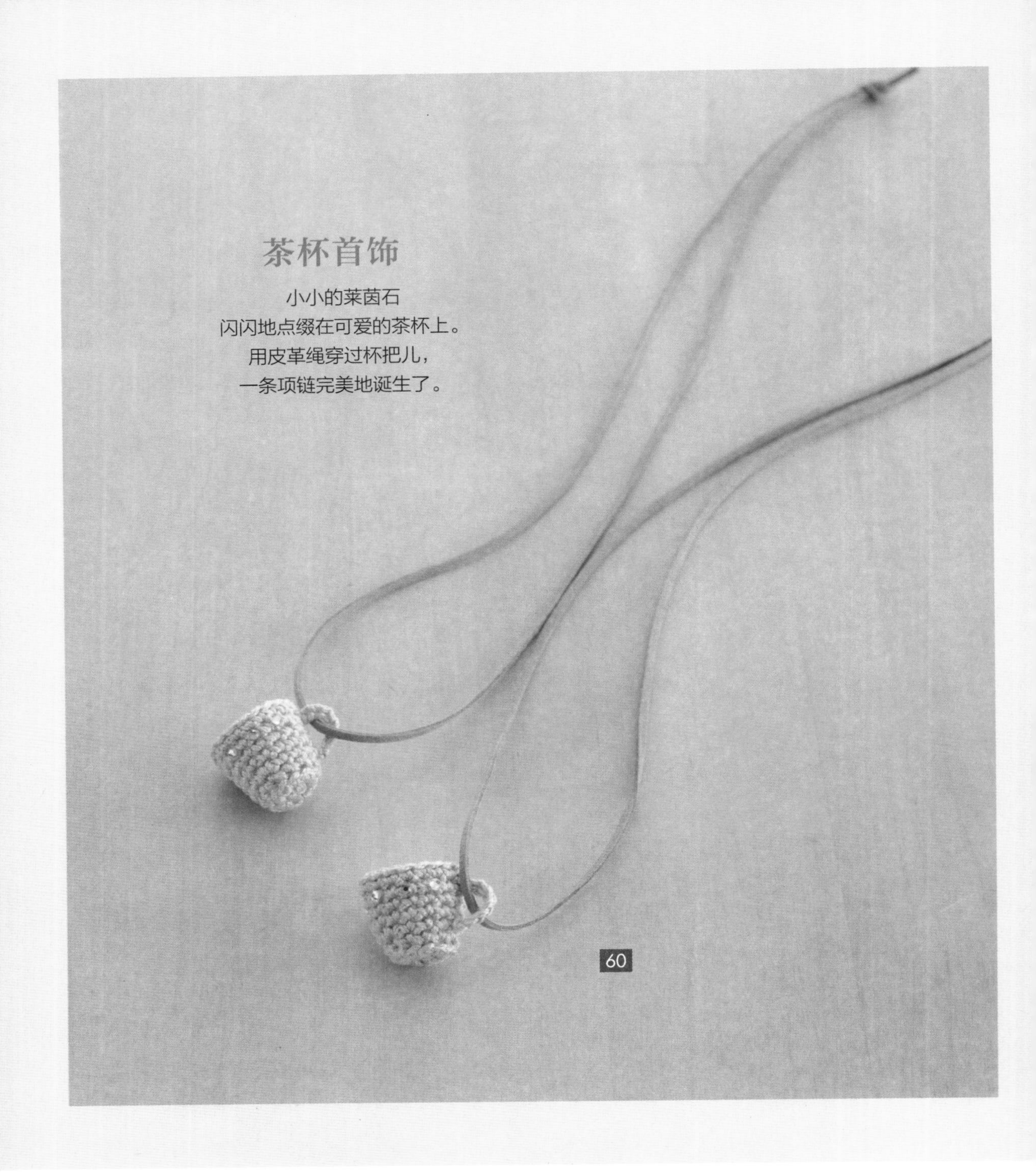

茶杯首饰

小小的莱茵石
闪闪地点缀在可爱的茶杯上。
用皮革绳穿过杯把儿，
一条项链完美地诞生了。

60

61

制作方法 60 P73 61 P40,P73

缤纷下午茶

钩织各式各样的图案，
钩织不同颜色的同一图案，
都各有各的乐趣！
多钩织些，试着搭配起来吧。

62

63

64

65

制作方法 62 P73 63▶65 P74

杯形蛋糕钩织法

塞入棉花立体感更强。
既能作装饰物，又能做成胸针。

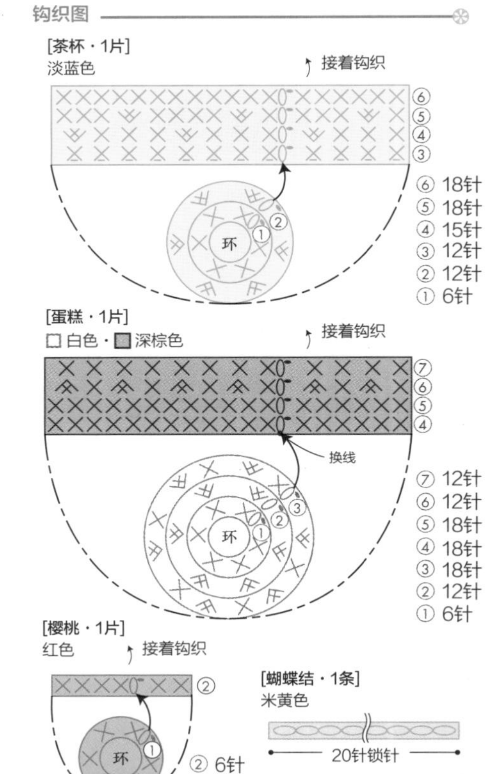

材 料

线

淡蓝色适量

深棕色适量

白色适量

红色适量

米黄色适量

4/0号（2.50mm）钩针

缝衣针

化纤棉：少量

钩织茶杯

1 环形起针，钩织第1圈

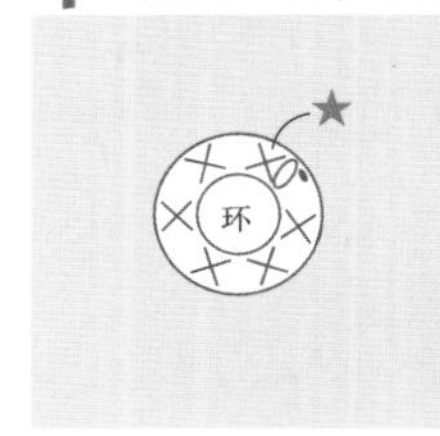

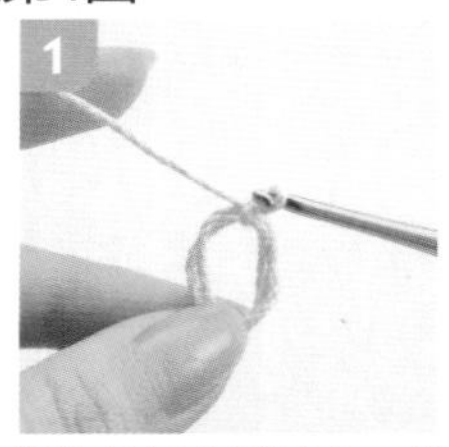

1 把钩针插入圆圈中，挂线，钩织锁针。（起立针）
※环形起针方法请参照P12

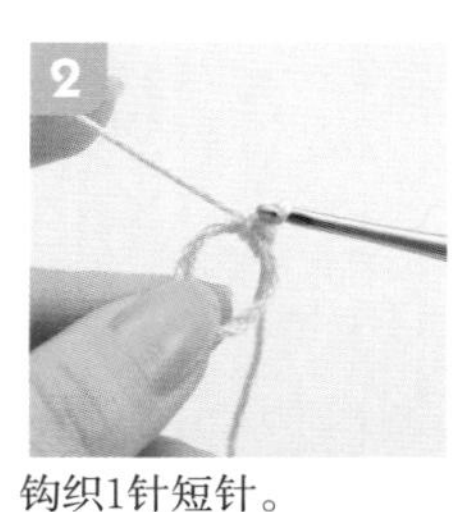

2 钩织1针短针。
※短针的钩织方法请参照P12

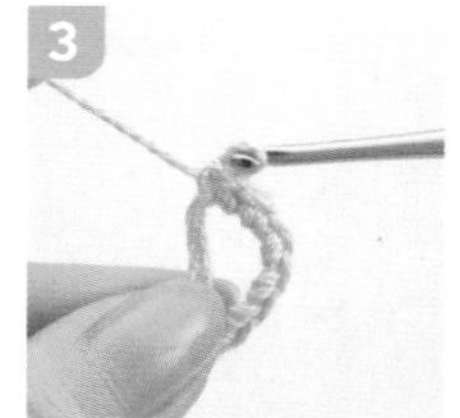

3 再钩织5针短针，共计6针。

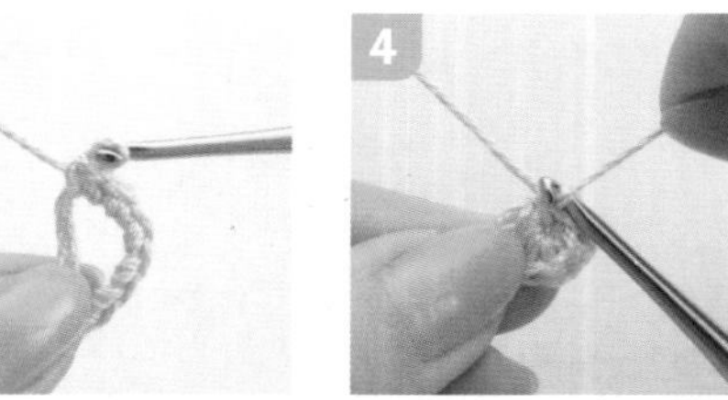

4 拉紧做好环的线。

5 把钩针插入第1针短针的针眼里（★），挂线。

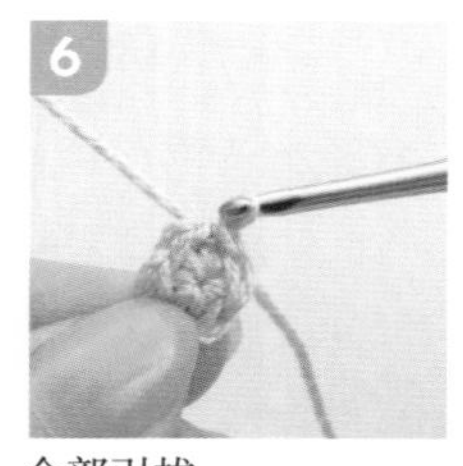

6 全部引拔。
※引拔针的钩织方法请参照P13

2 钩织第2圈

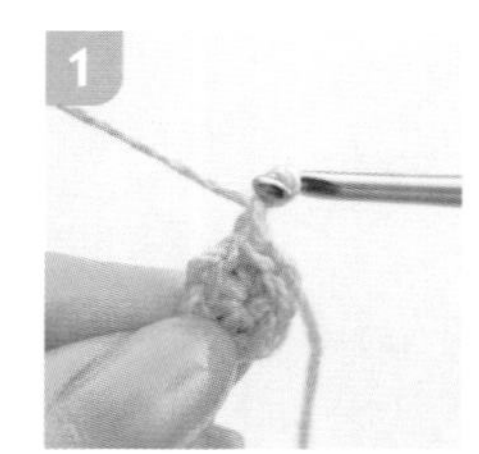

1 钩织1针锁针。（起立针）

2 把钩针插入同一针的针眼里（★），钩织1针分2针短针。
※1针分2针短针的钩织方法请参照P13

从下一针开始重复5次1针分2针短针，共计6次。

把钩针插入第1针短针的针眼里，钩织引拔针。

3 钩织第3圈

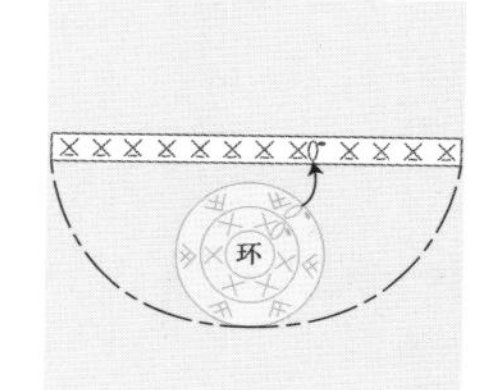

钩织1针锁针。（起立针）

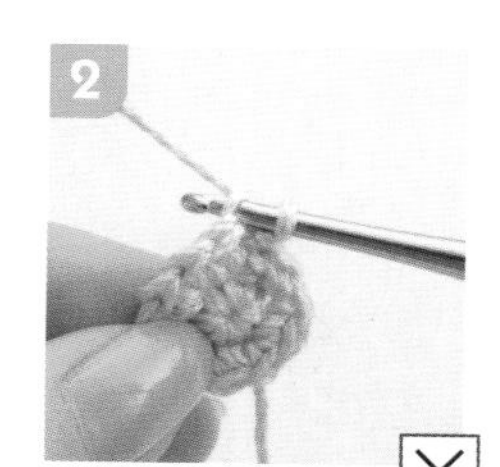

2~3：短针的条纹针的钩织方法

把钩针插入同一针的前侧的针眼里，挽起1根线。

钩织短针。（短针的条纹针钩织完成）

重复步骤2~3，钩织1圈，把钩针插入第1针短针的针眼里，钩织引拔针。

4 钩织第4~6圈

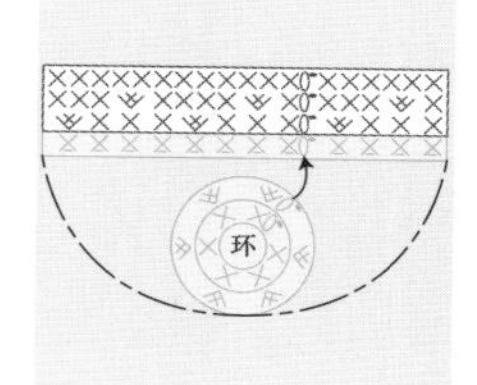

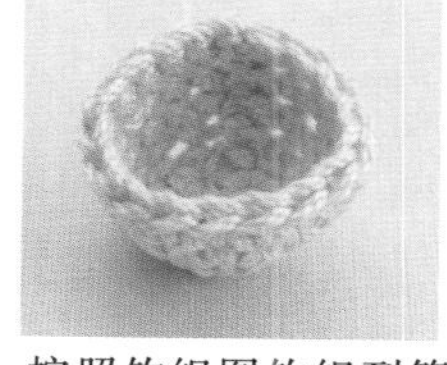

按照钩织图钩织到第6圈。

钩织蛋糕

5 钩织到第2圈

钩织方法和茶杯步骤1~2相同。

6 钩织第3~5圈

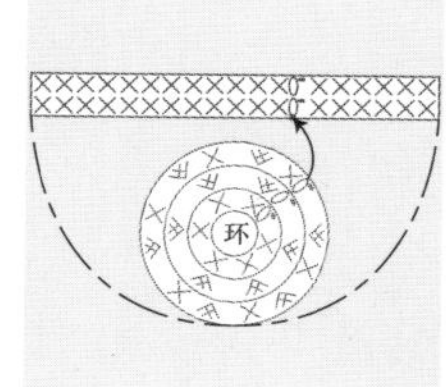

按照钩织图钩织第3圈，一直钩织到最后的引拔针前。

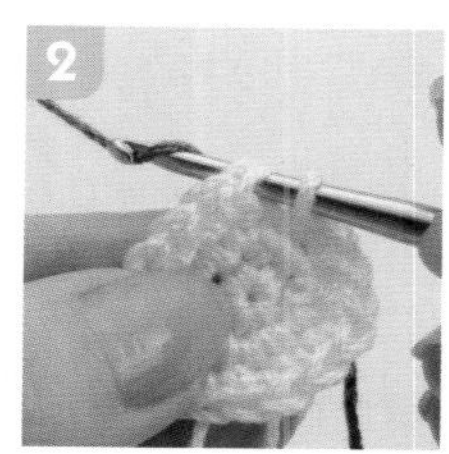

把钩针插入第1针短针的针眼里，针上挂下一圈的线。

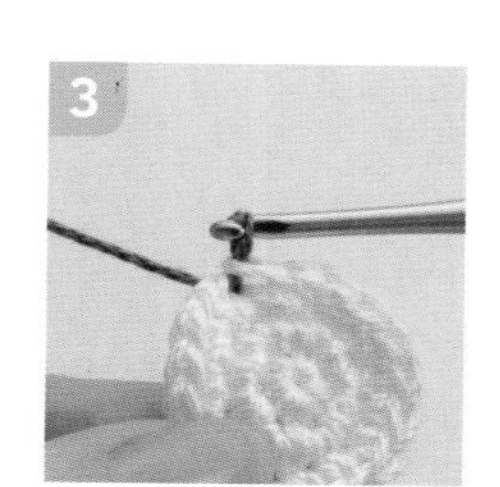

全部引拔，换色。

按照钩织图一直钩织到第5圈。

7 钩织第6~7圈

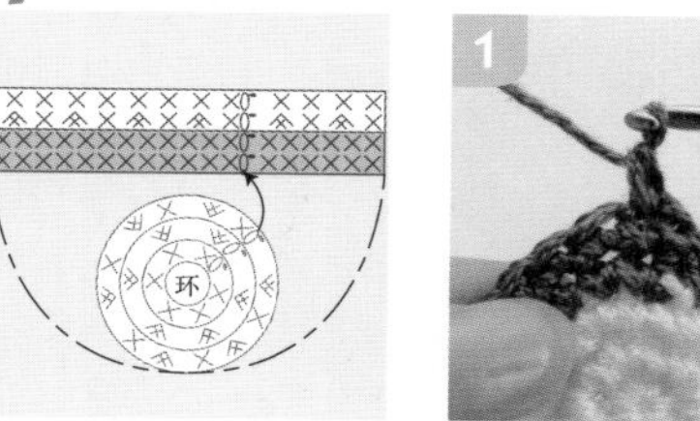

钩织锁针（起立针）和短针。

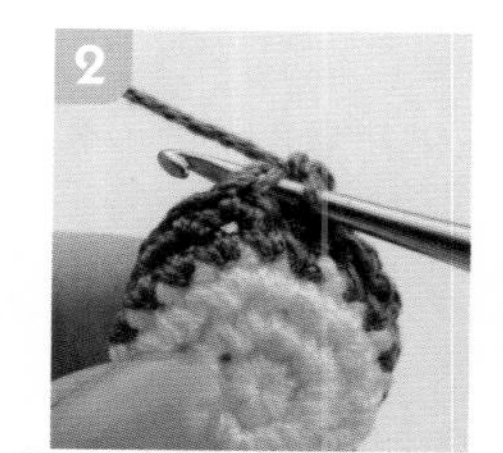

2~6：短针2针并1针的钩织方法

把钩针插入下一针的针眼里。

针上挂线，引拔1针。

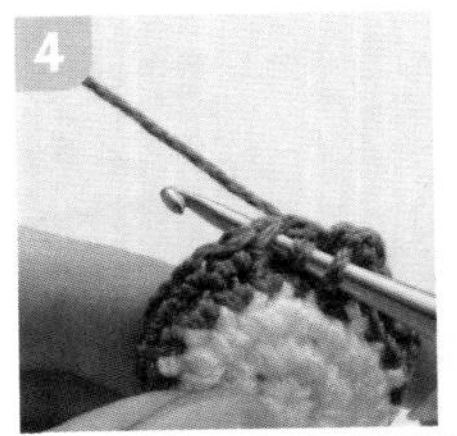

2~6：短针2针并1针的钩织方法

把钩针插入下一针的针眼里。

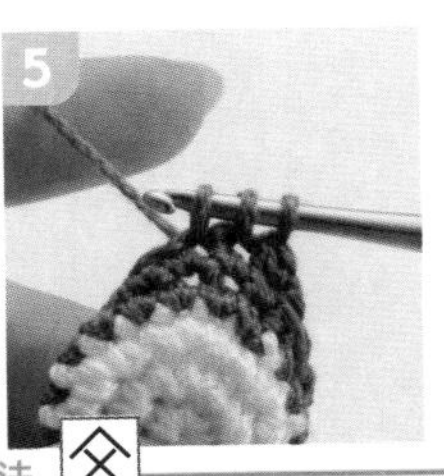

针上挂线，引拔1针。

针挂上线，全部引拔。（短针2针并1针钩织完成）

重复短针和短针2针并1针，把钩针插入第1针短针的针眼里，钩织引拔针。

按照钩织图一直钩织到第7圈。

8 缝合杯形蛋糕

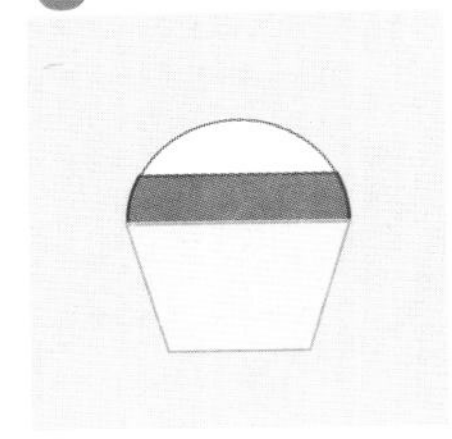

1 往茶杯和蛋糕中塞入棉花。

把蛋糕叠放在茶杯上。调整高度，使深棕色毛线大约能看见2圈。

把和茶杯同颜色的线穿到缝衣针上，将缝衣针插入茶杯，一直插到能挽起蛋糕，挑1针。

隔1针缝1次，绕1圈后，杯形蛋糕主体制作完成。

9 制作樱桃，连接到蛋糕上

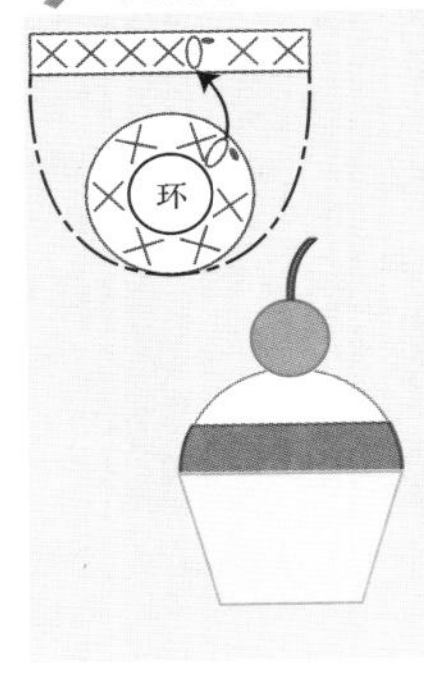

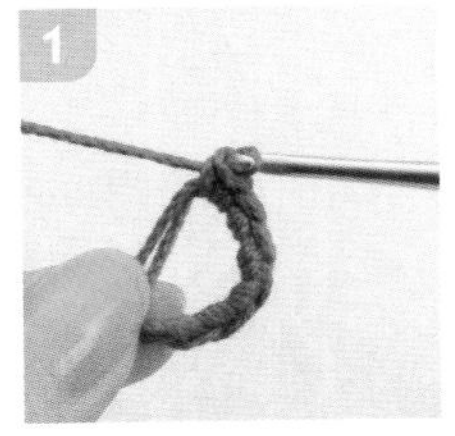

和茶杯1的步骤1～3钩织方法相同。

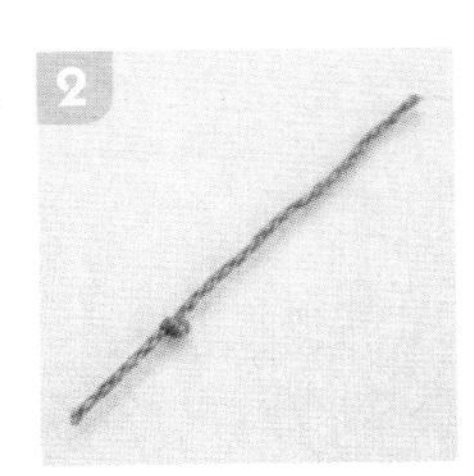

准备1条大约10cm的深棕色线，打一个结。

把步骤2中打好的结放进里面，拉紧环。

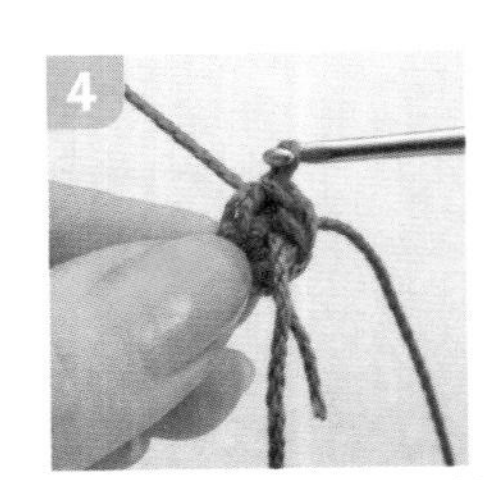

把钩针插入第1针短针的针眼里，钩织引拔针。

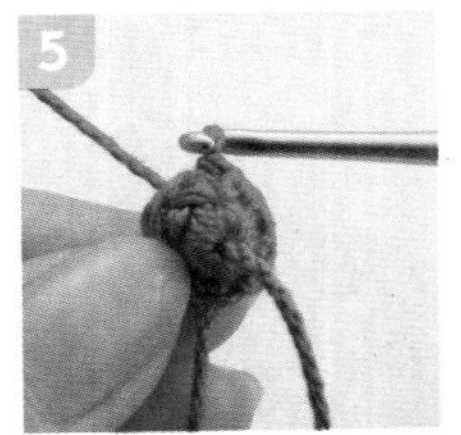

按照钩织图钩织到第2圈。钩织结尾处的线留得长一些。

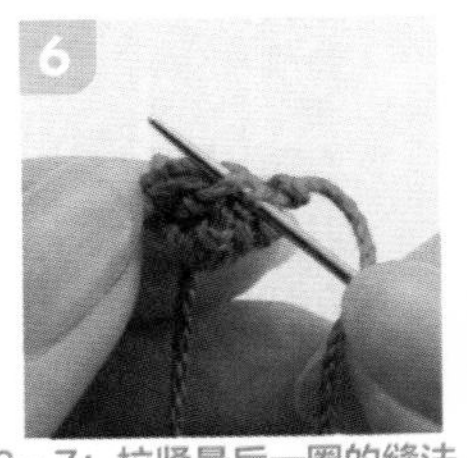

6～7：拉紧最后一圈的缝法

将钩织结尾处的线穿入缝衣针，逐一挑起短针前侧的线，缝合。

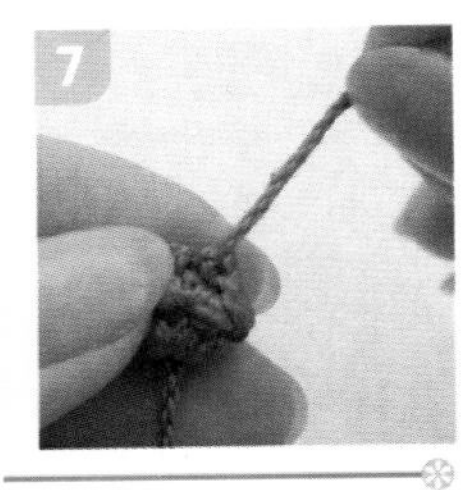

拉紧线。

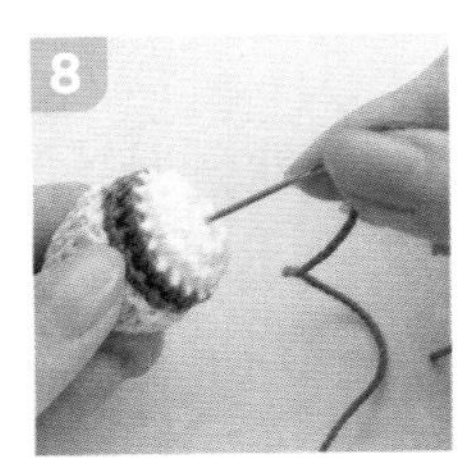

将针插入蛋糕中心，从和茶杯重叠部分的针眼里穿出，缠2次线，打死结后缝合固定。

剪出樱桃的杆儿。

10 制作蝴蝶结，缠结

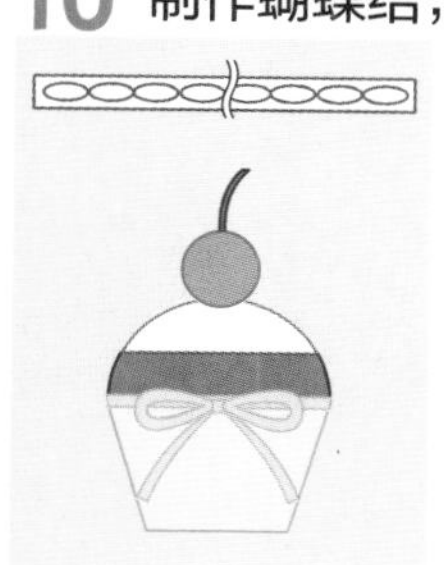

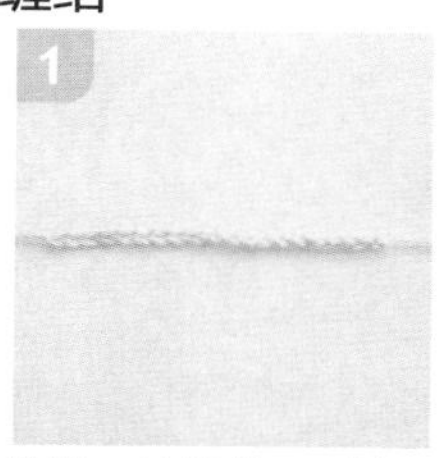

钩织20针锁针。开端处和结尾处各留出10cm长的线。

缠绕在蛋糕周围，打结。剪掉多余的线头，整理蝴蝶结的形状。

制作完成。

Happy Motif 幸福主题

娇小可爱的快乐小熊&小兔。
先钩织好一个一个零件再连接起来。
如果细心地钩织，
小动物们会更加栩栩如生。

小熊和小兔

66

制作方法 66 P48,P76

幸福蛋糕和桃心

3层白色婚礼蛋糕
和五颜六色的桃心
摆放在一起，
温馨又浪漫。

制作方法 67 P52 68 P75

小熊国王

披上披肩再戴上王冠，
小熊成功变身国王。
可以作礼物送给幸福的小伙伴哦。

制作方法 69 P76

桃心饰品

无论多么娇小，
都散发着可爱气息，
桃心非常适合制成首饰哦。

制作方法 70 ▶ 72 P77

小熊钩织法

可爱的迷你小熊，
分别钩织好零件再组装起来。
可以别在包包上作装饰。

材 料

线

淡蓝色夹丝棉线适量　本色夹丝棉线适量　黑色适量

3/0号（2.30mm）钩针　缝衣针　化纤棉：少量

钩织图

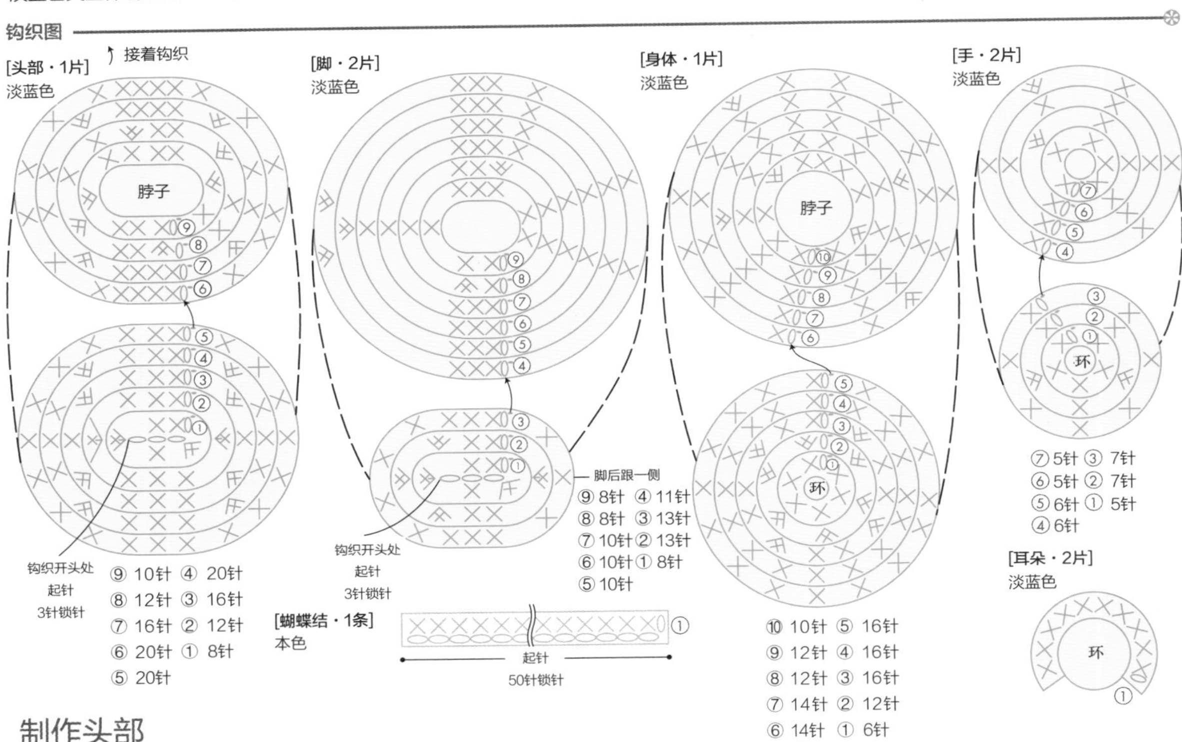

制作头部

1 钩织第1圈

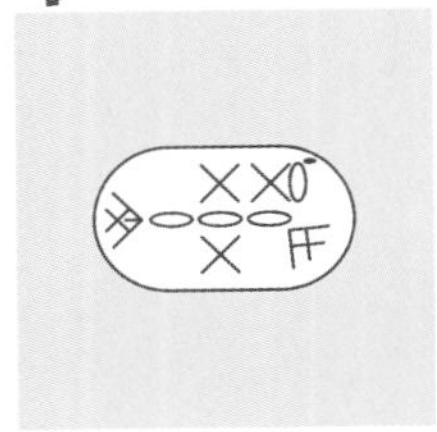

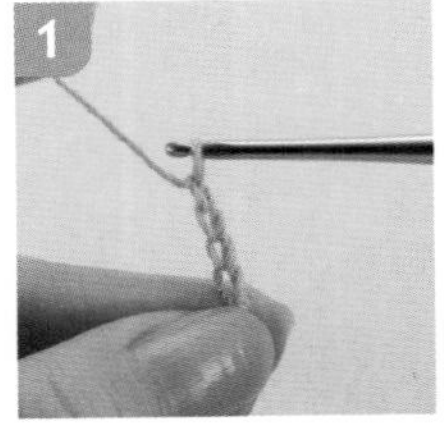

钩织4针锁针。（1针是起立针）
※ 锁针的钩织方法请参照P12

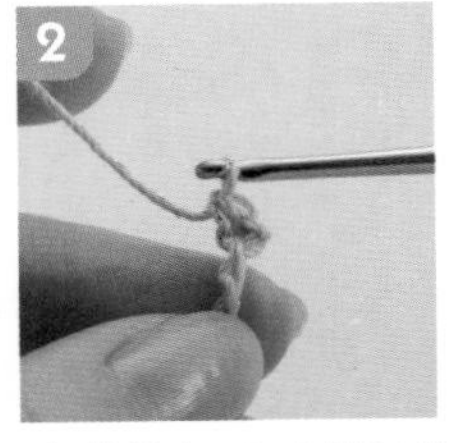

隔1针挑起下1个锁针的内山，钩织1针短针。
※ 短针的钩织方法请参照P12

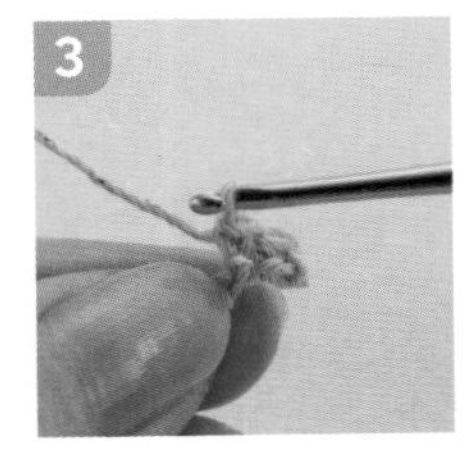

下1针也是挑起锁针的内山，钩织1针短针。

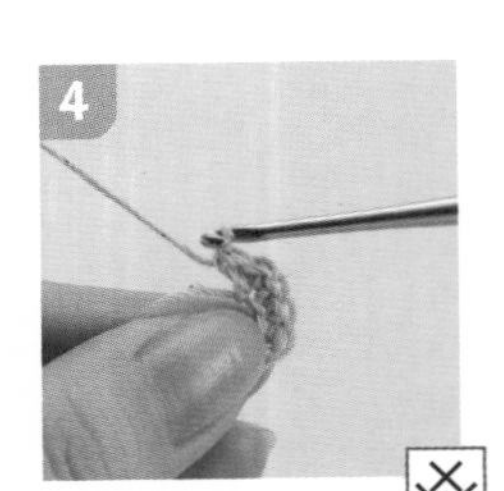

1针分3针短针的钩织方法
在下一针处钩织3针短针。
（1针分3针短针钩织完成）

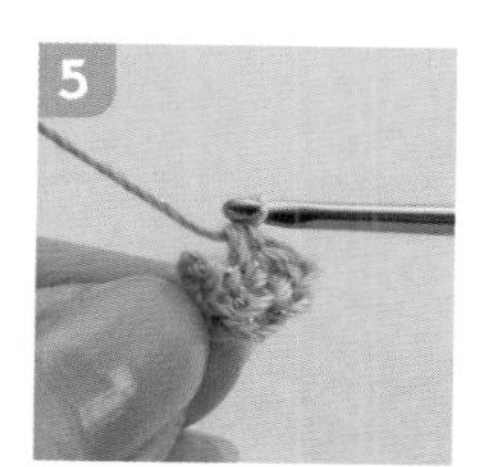

在下一针处钩织1针短针。

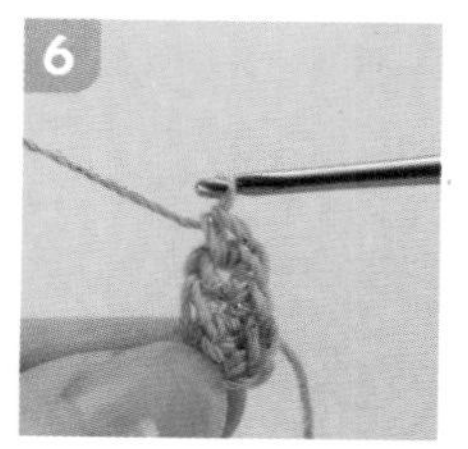

在下一针处钩织1针分2针短针。

※1针分2针短针的钩织方法请参照P13

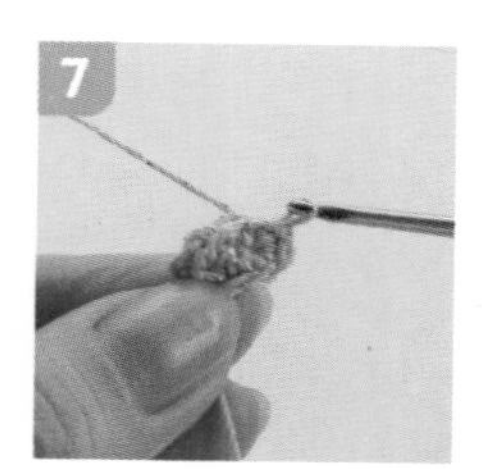

把钩针插入第1针短针的针眼里，钩织引拔针。

※引拔针的钩织方法请参照P13

2 钩织第2~6圈

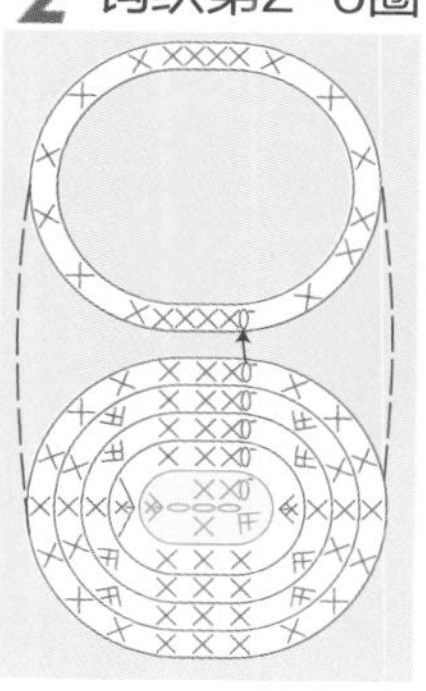

钩织第2圈时，先钩织1针锁针。（起立针）

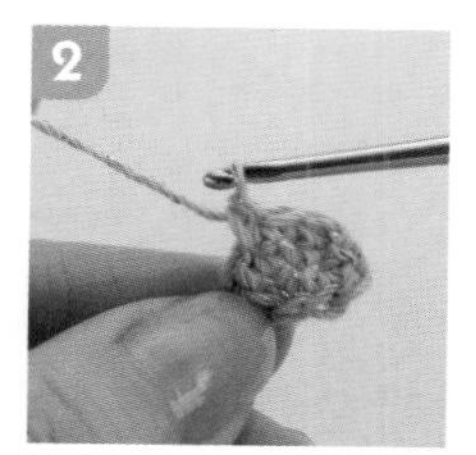

钩织3针短针。

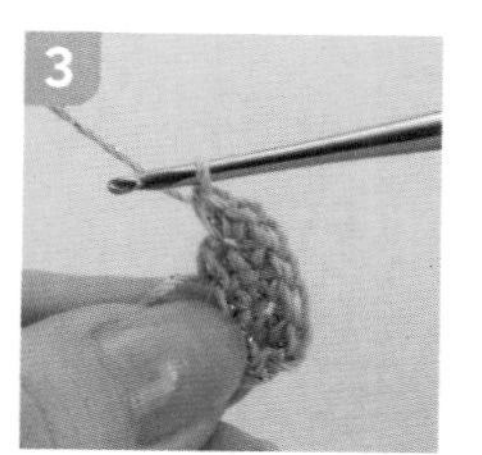

在下一针处钩织1针分3针短针。

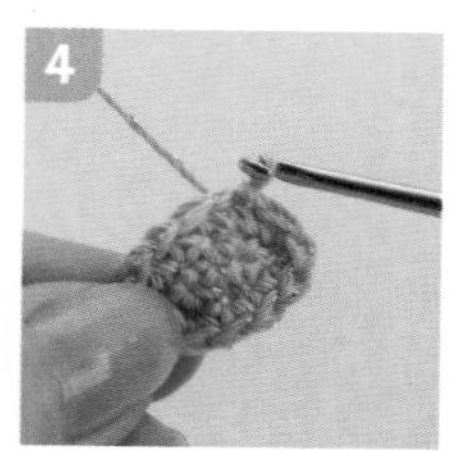

重复步骤2~3，钩织1圈后，把钩针插入第1针短针的针眼里，引拔1针。

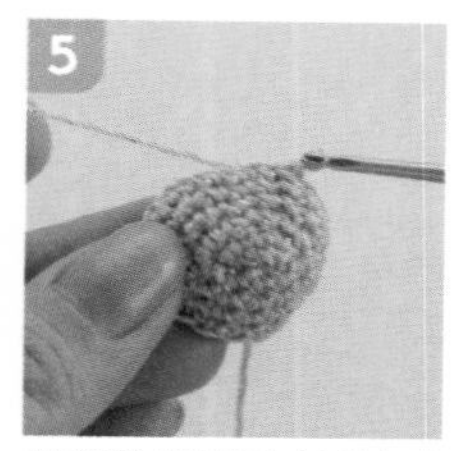

按照钩织图重复钩织短针和1针分2针短针，一直钩织到第6圈。

3 钩织第7~9圈

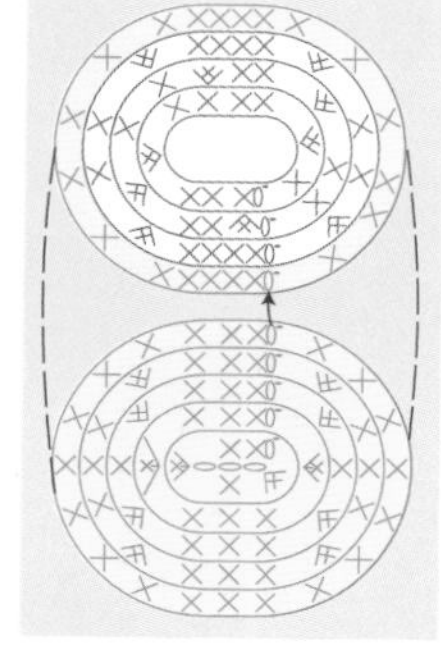

钩织第7圈时，先钩织1针锁针（起立针）和

下一针和下下一针钩织成短针2针并1针。

按照钩织图钩织一圈，第7圈钩织完成。

按照钩织图一直钩织到第9圈。

制作身体

4 环形起针，钩织第1圈

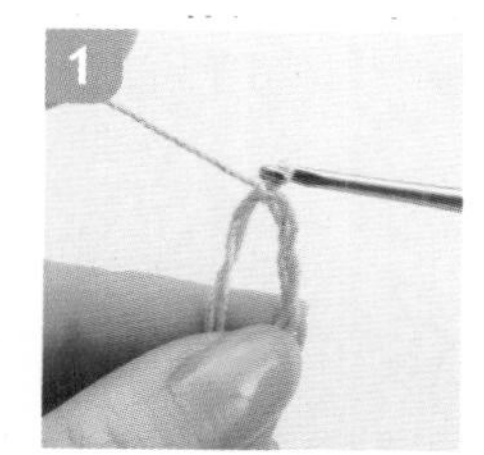

把钩针插入圆圈中，钩织1针锁针。

※环形起针方法请参照P12

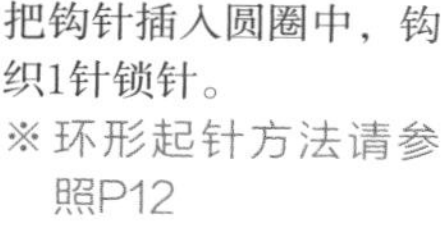

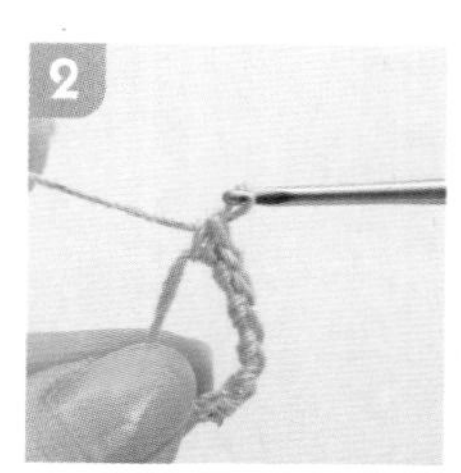

钩织6针短针。

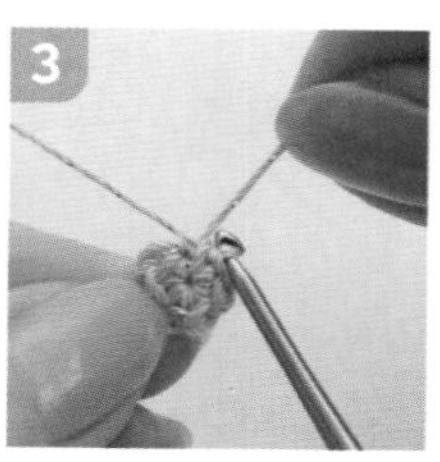

拉紧做好环的线。

把钩针插入第1针短针的针眼里，钩织引拔针。

5 钩织第2圈

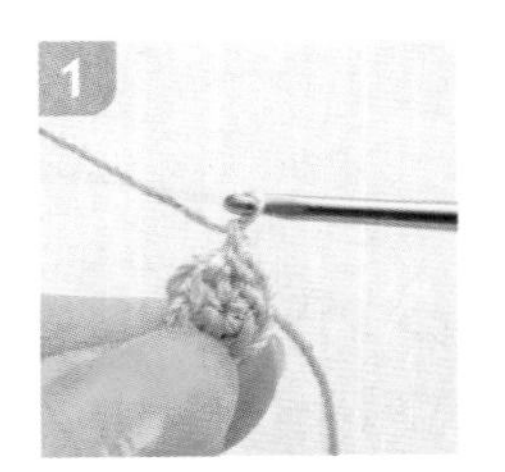

钩织1针锁针。（起立针）

在同一针处钩织1针分2针短针。

再钩织5次1针分2针短针，共计6次。

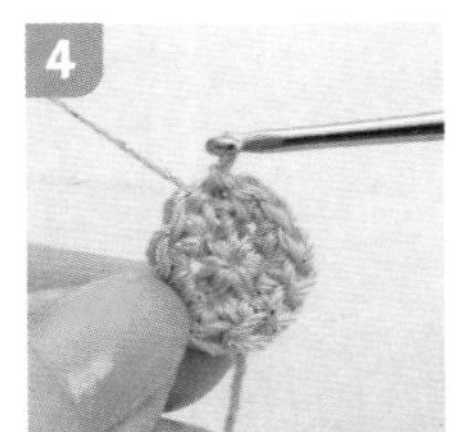

把钩针插入第1针短针的针眼里，钩织引拔针。

6 钩织第3~5圈

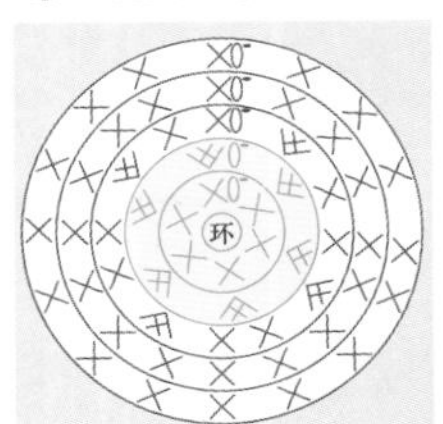

按照钩织图一直钩织到第5圈。

7 钩织第6~10圈

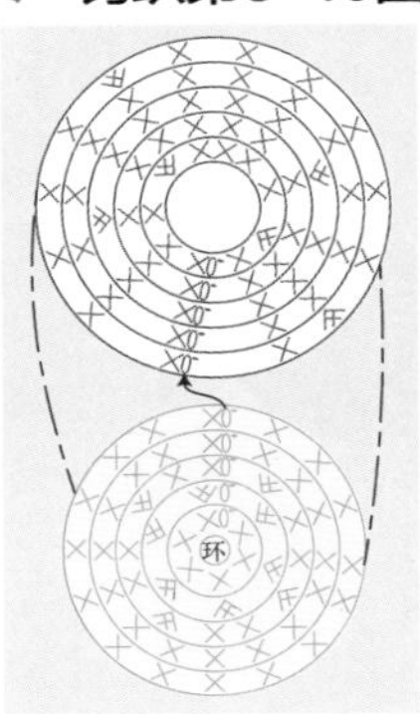

按照钩织图一直钩织到第10圈。钩织结尾处的线要留长一些。

8 钩织手

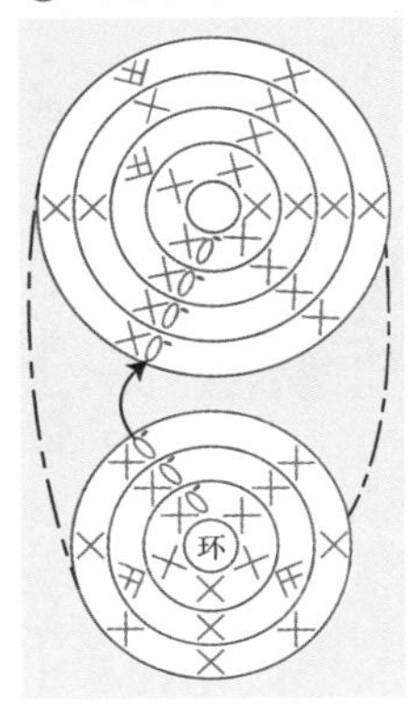

和头部钩织方法相同，按照钩织图钩织（制作2个）。钩织结尾处的线要留长一些。

9 钩织脚

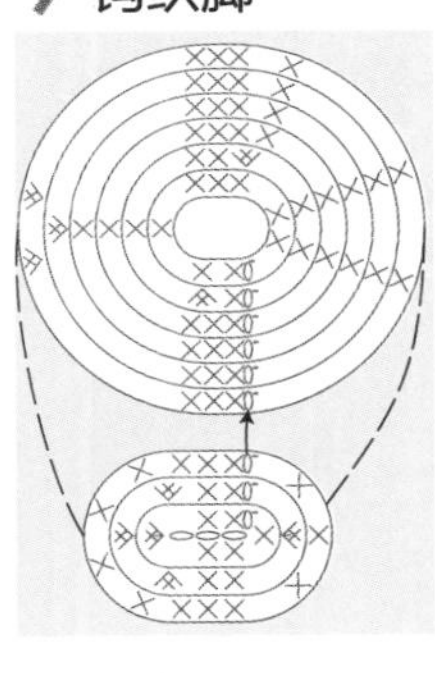

和头部的钩织方法相同，按照钩织图钩织2个。钩织结尾处的线要留长一些。

10 钩织耳朵

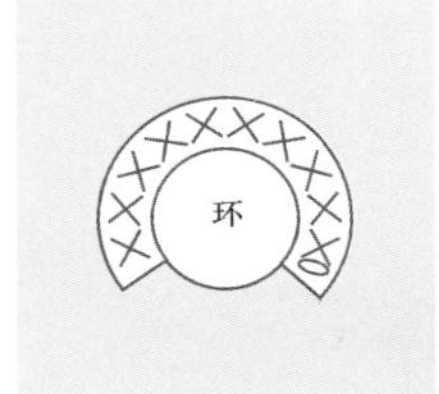

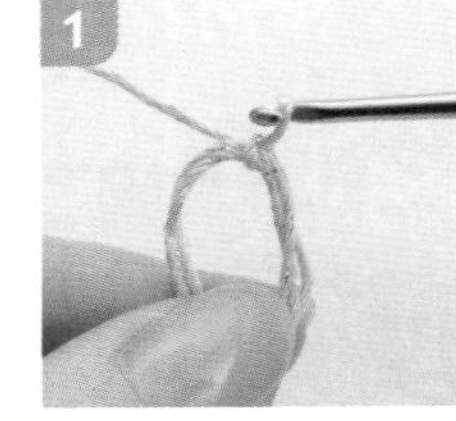

环形起针，钩织1针锁针。（起立针）

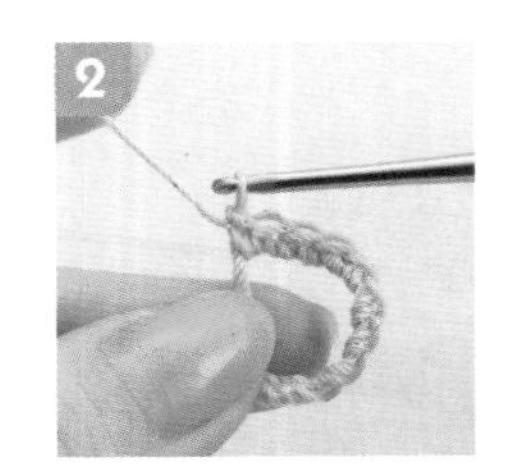

钩织10针短针。

拉紧做好环的线（制作2个）。钩织结尾处的线要留长一些。

11 连接头部和身体

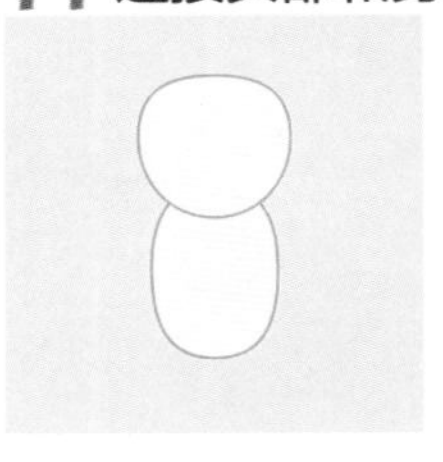

往头部和身体的织片中塞入棉花，使其变硬。用笔尖塞会更容易。

把身体织片的线穿到缝衣针上，挑起头部织片缝1针。

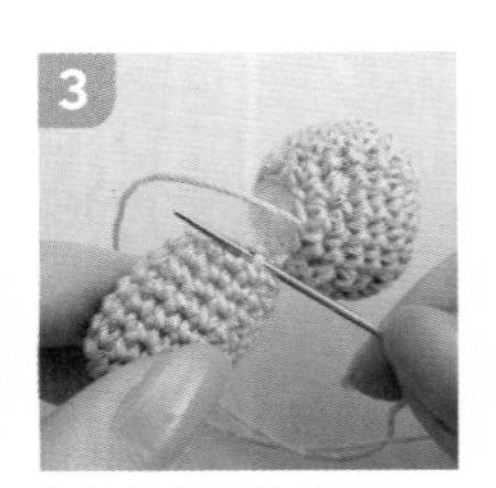

挑起身体织片缝1针。

4

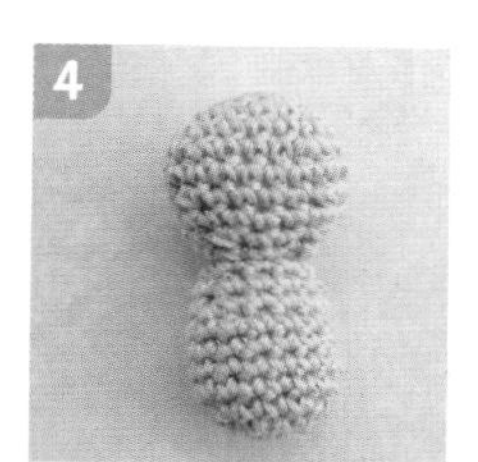

每1针都这样缝，绕一圈后，把线穿过第1针针眼，处理好线头。

12 缝上耳朵

1

前侧

把耳朵织片的线穿到缝衣针上，挽起头部织片第2圈旁边的1针。

2

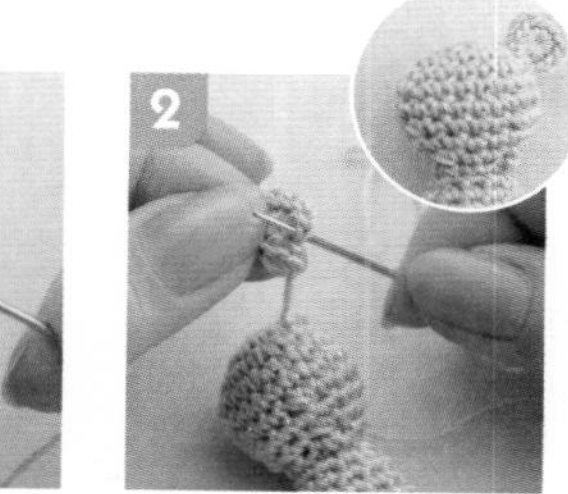

挽起耳朵边的1针，再缝合在头部织片第3圈旁边。

3

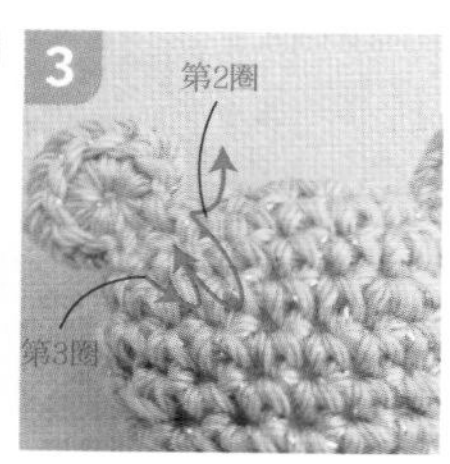

另一边一样，缝合在头部织片第3圈和第2圈。

13 缝上手脚

1

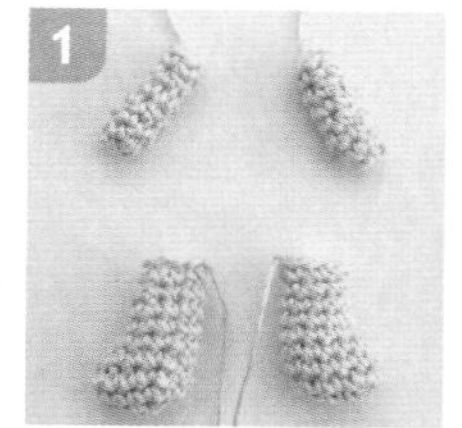

往手脚织片里塞入棉花。

2

将留出来的线穿入缝衣针，一条一条挽起短针前一侧的针，缝制。

3

拉紧线。

4

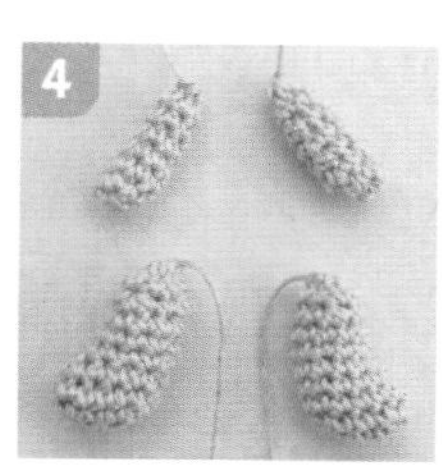

其他手脚织片也按照步骤2~3拉紧。

5

把脚部织片的线穿到缝衣针上，将针穿过身体织片第4圈的旁边，挽起1针。

6

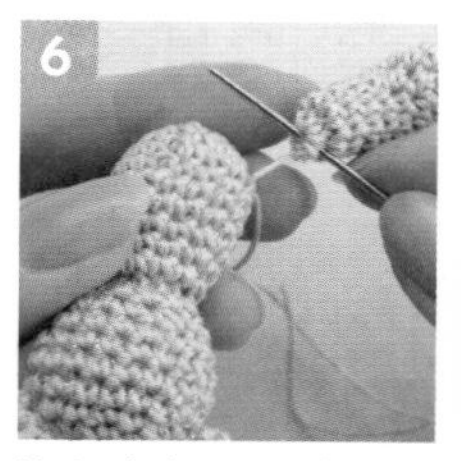

挽起脚部织片旁边的1针。

7

然后挽一次身体织片，再挽一次脚部织片，缝制完成。

8

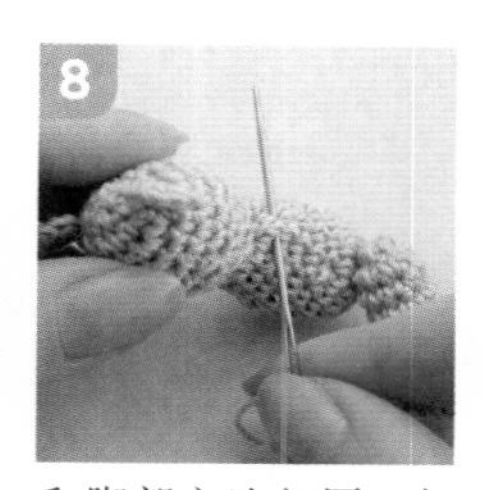

和脚部方法相同，把手缝制在脖子下方。

9

手脚缝制完成。

14 绣出面部，添加蝴蝶结

1

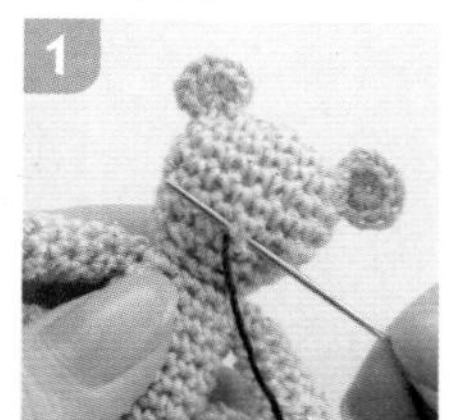

将长约40cm的黑线穿入缝衣针，线头打死结。把针从头部后方刺入，开始刺绣。

※刺绣方法和图案请参照P77

2

绣出鼻子、嘴巴、眼睛，刺绣完成后，针从头部后方拿出，打好死结，剪掉线头。

3

钩织50针锁针，钩织1圈，当作蝴蝶结。

4

系好蝴蝶结，制作完成。

蛋糕钩织法

3层蛋糕可以一层一层地钩织。
里面塞入厚纸，就可以使其更牢固结实。
荷叶边要用夹丝绵线钩织哦。

材 料

线

本色适量

粉色适量

本色夹丝棉线适量

3/0号（2.30mm）钩针

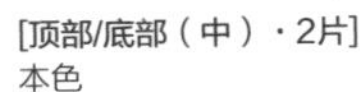

缝衣针

化纤棉：少量

厚纸：大约牛奶盒的厚度，15cm的方形

钩织图

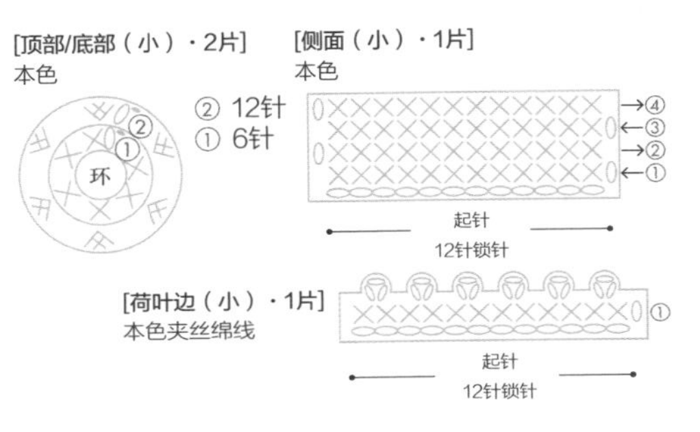

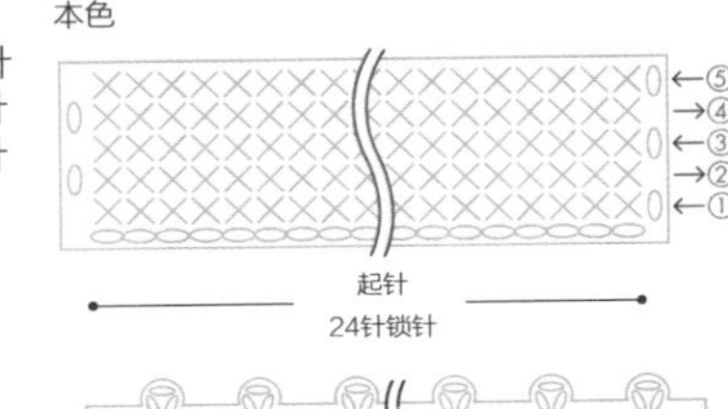

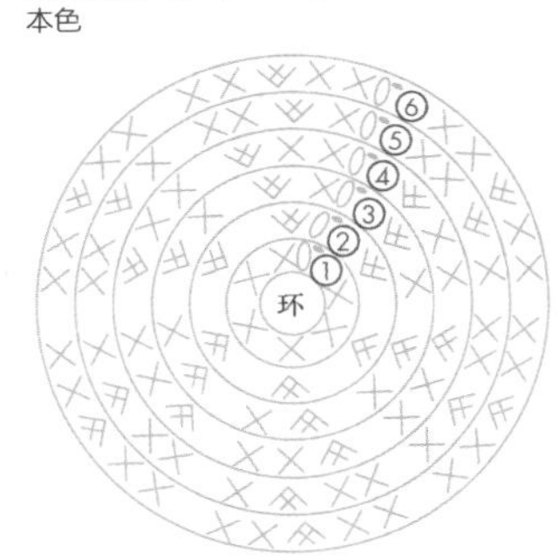

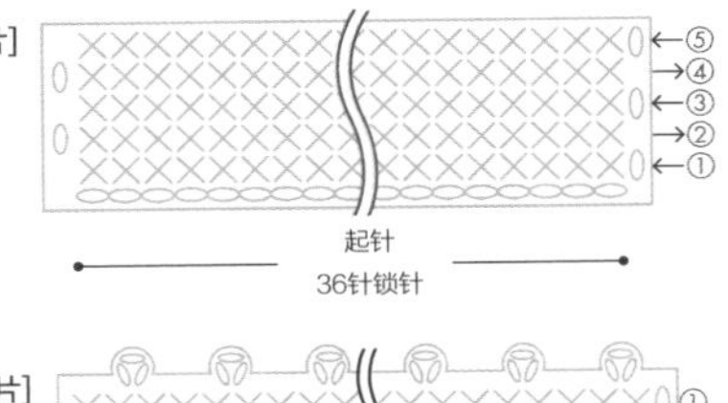

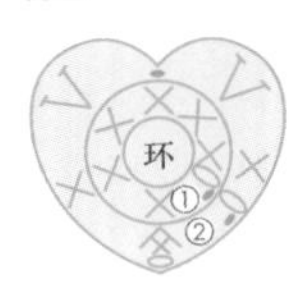

1 顶部/底部（大）环形起针，钩织第1圈

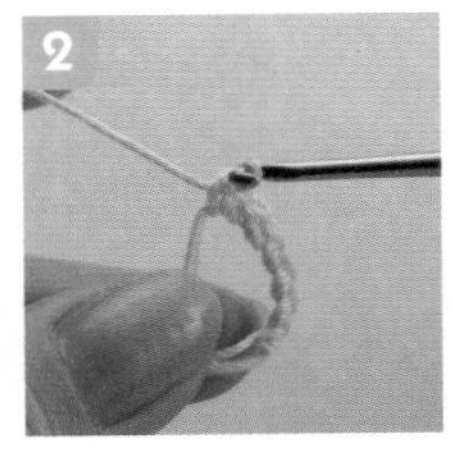

把钩针插入圆圈中，挂线，钩织1针锁针。（起立针）

※ 环形起针、锁针的钩织方法请参照P12

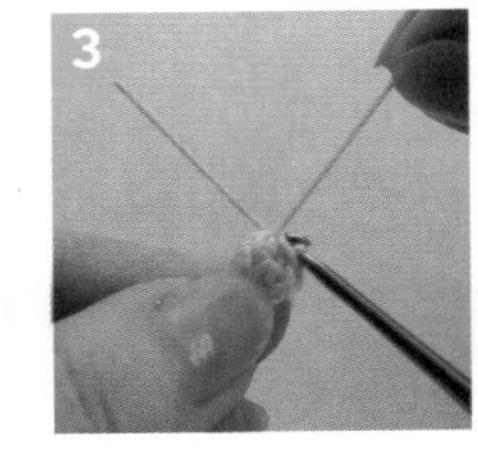

钩织6针短针。

※ 短针的钩织方法请参照P12

拉紧做好环的线。

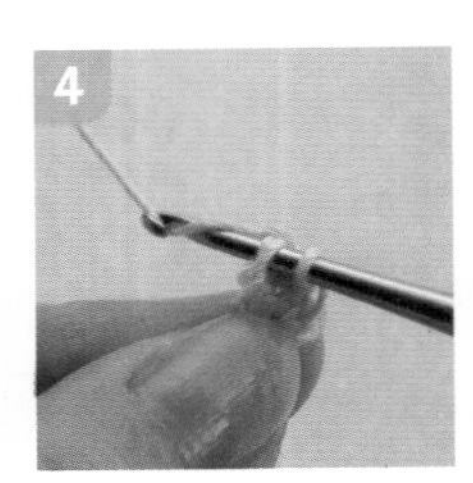

把钩针插入第1针短针的针眼里，针上挂线。

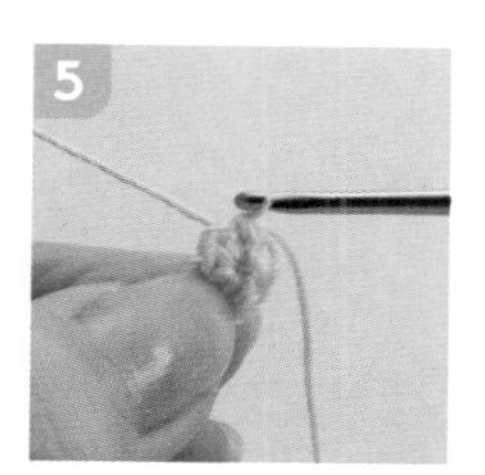

钩织引拔针。
※ 引拔针的钩织方法请参照P13

2 钩织第2圈

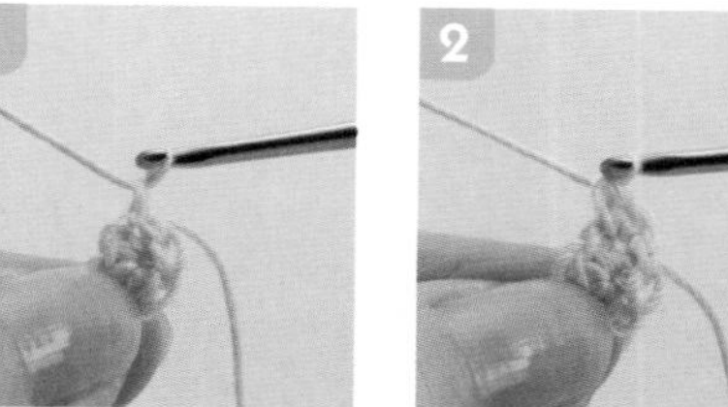

1 钩织1针锁针。（起立针）

2 在同一针处钩织1针分2针短针。
※ 1针分2针短针的钩织方法请参照P13

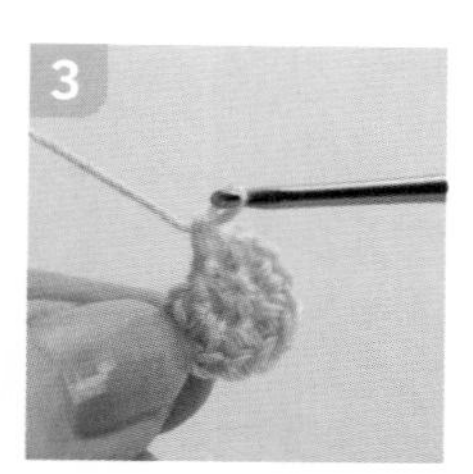

3 再钩织5次1针分2针短针，共计6次。

4 把钩针插入第1针短针的针眼里，钩织引拔针。

3 钩织第3圈

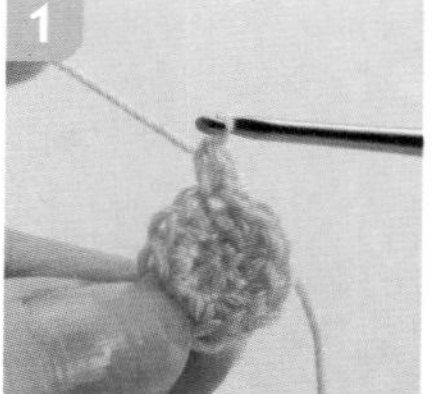

1 钩织起立针和短针。

2 在下一针处钩织1针分2针短针。

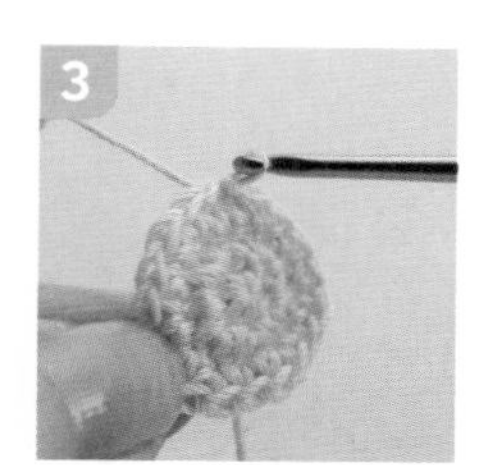

3 重复步骤1~2，钩织一圈后，把钩针插入第1针短针的针眼里，钩织引拔针。

4 钩织第4~6圈

按照钩织图一直钩织到第6圈。使用同样的方法钩织底部。

5 钩织顶部/底部（中）、（小）

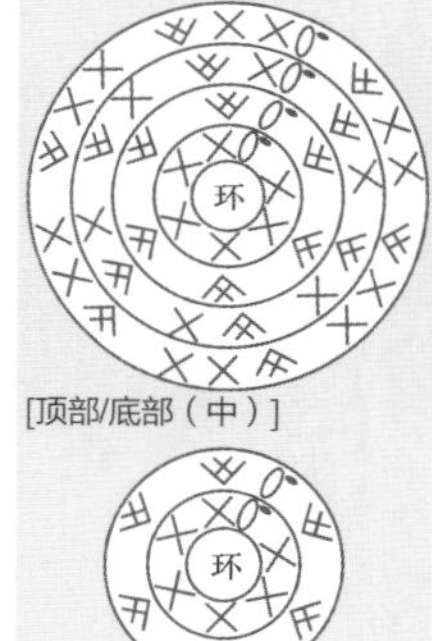

1 和顶部（大）钩织方法相同，一直钩织到第4圈。使用同样的方法钩织底部。

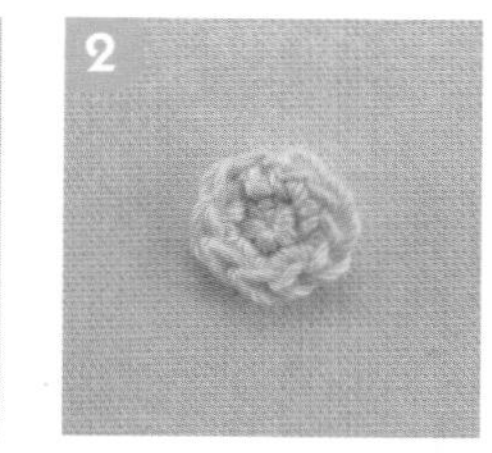

2 和顶部（大）钩织方法相同，一直钩织到第2圈。使用同样的方法钩织底部。

6 钩织侧面

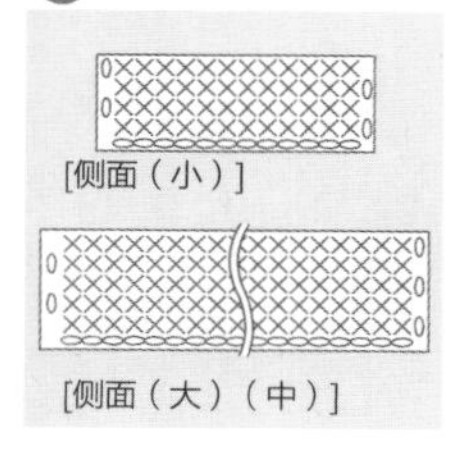

1 侧面（大）钩织37针锁针起针（1针是起立针）。三片侧面开头处的线都留出大约20cm。

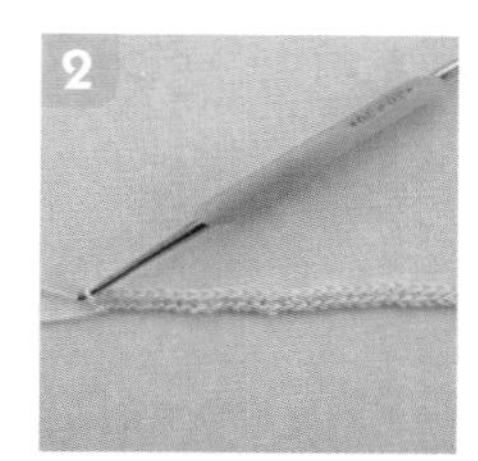

2 按照钩织图钩织短针。

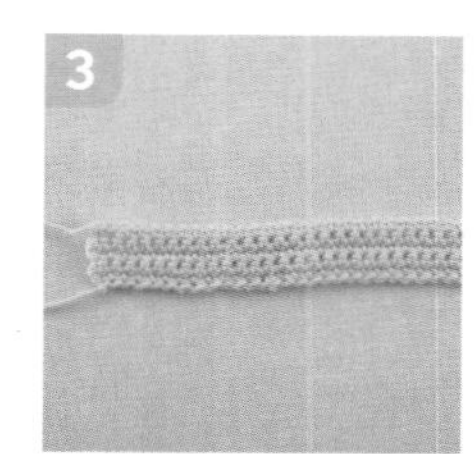

3 按照钩织图钩织5圈。钩织结尾处的线留出大约20cm。

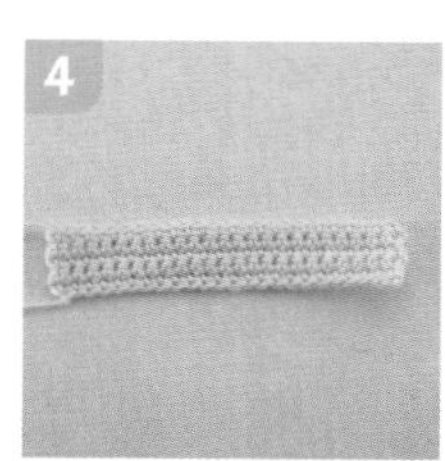

4 侧面（中）按照钩织图钩织24针5圈。钩织结尾处的线留出大约20cm。

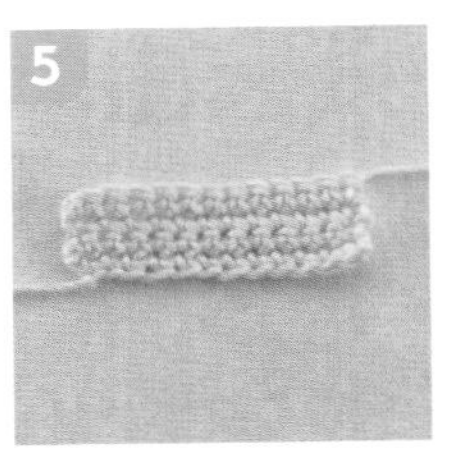

5 侧面（小）按照钩织图钩织12针4圈。钩织结尾处的线留出大约20cm。

7 连接顶部/底部（大）和侧面（大）

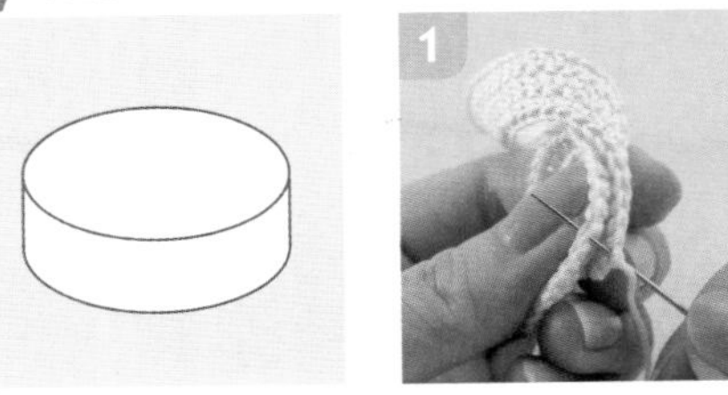

1 把侧面（大）钩织开头处留的线穿入缝衣针，把它和底部（大）正面向外叠起来，插入针。

2 使用卷针缝的缝法将其缝合。

※卷针缝的缝法请参照P23

3 绕一圈。

4 使用卷针缝的缝法将侧面的边与边缝合。

5 缝制到上面。

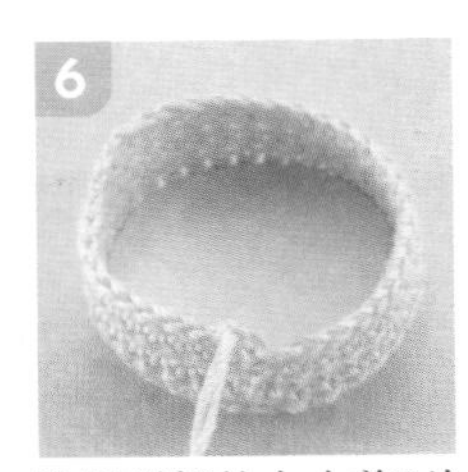

6 按照顶部的大小剪2片厚纸，塞入1片。

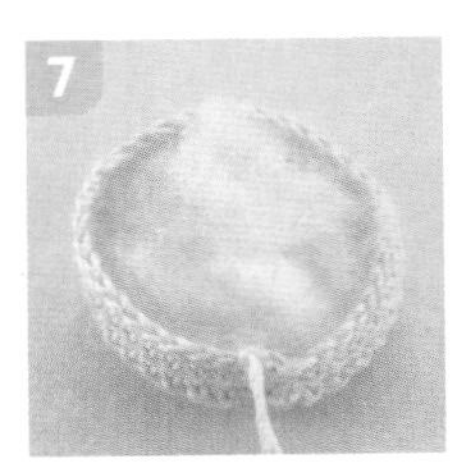

7 塞入棉花。

8 再塞入厚纸。

9 处理好钩织开头处的线头，把钩织结尾处的线穿到缝衣针上，使用卷针缝的缝法把顶部（大）缝合在上面。

10 主体（大）制作完成。按照同样的方法制作主体（中）（小）。

8 钩织荷叶边，添加在上面

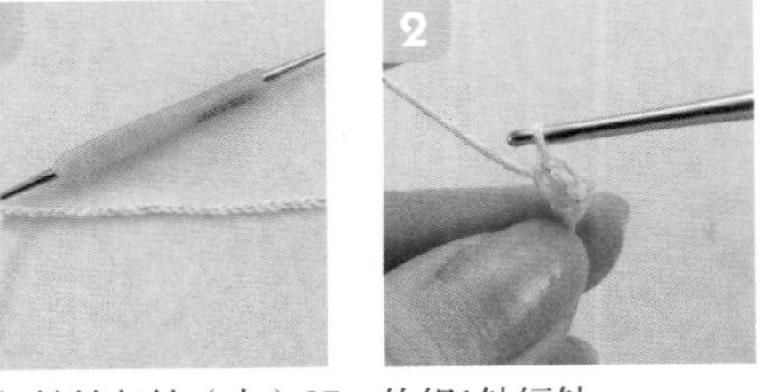

1 钩织锁针起针（大）37针（中）25针（小）13针。（1针是起立针）

2 钩织1针短针。

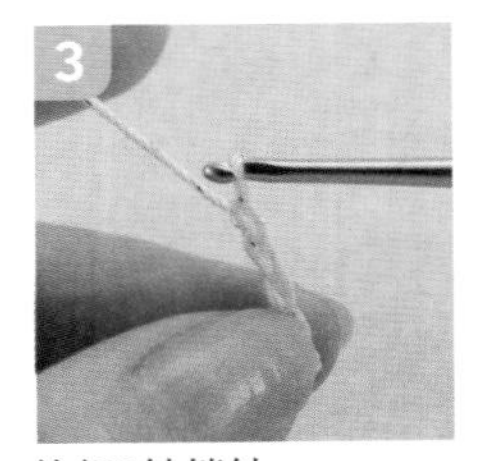

3 钩织3针锁针。

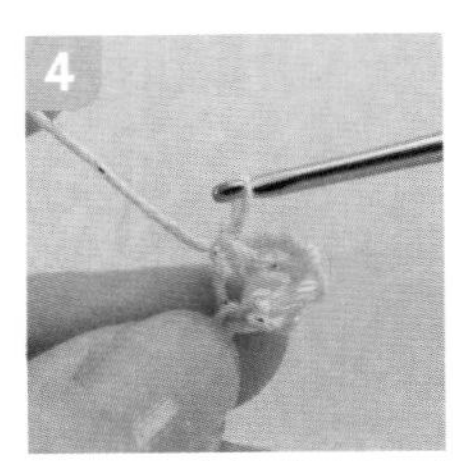

4 在下一针处钩织1针短针。

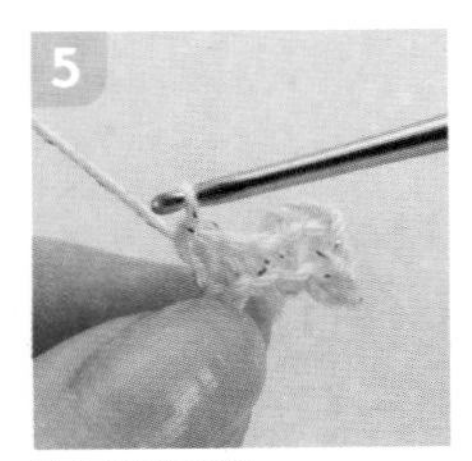

5 钩织2针短针。

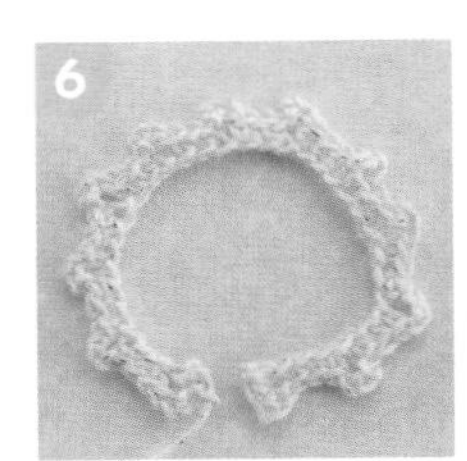

6 重复步骤3～5。

7 把荷叶边放置在侧面中心处，缝合在主体上。

蛋糕主体（大）制作完成。

依照同样的方法，制作完成蛋糕主体（中）。（荷叶边添加在侧面中心处）

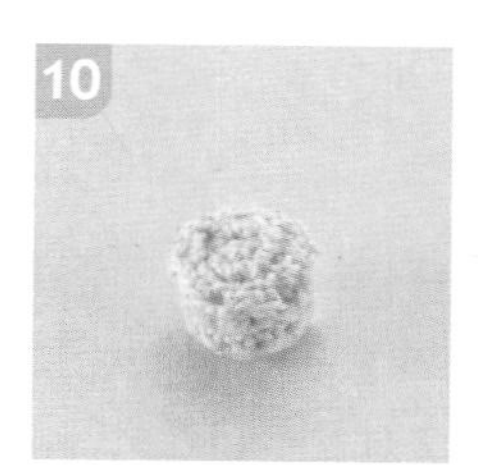
依照同样的方法，制作完成蛋糕主体（小）。（荷叶边重叠添加在侧面上部）

9 钩织桃心

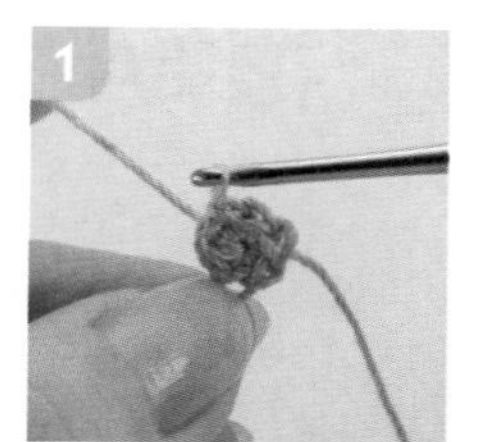
和蛋糕主体钩织方法相同，钩织出第1圈。

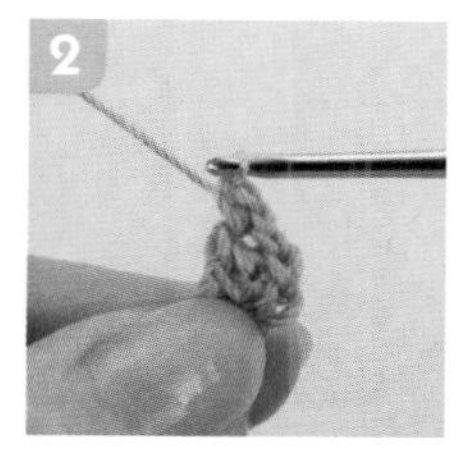
钩织1针锁针（起立针）、1针短针。

3~4：1针分2针中长针的钩织方法 V

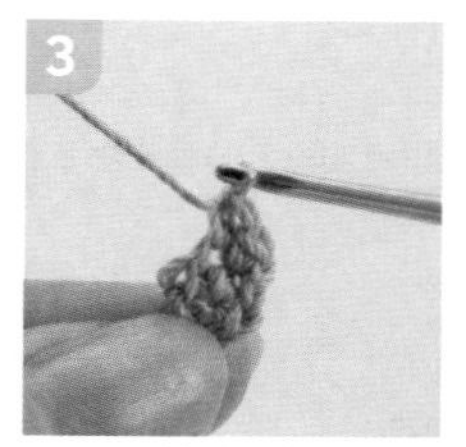
在下一针处钩织中长针。

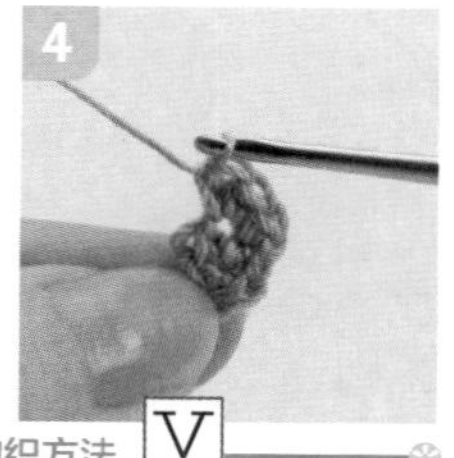
在同一针处钩织中长针。（1针分2针中长针钩织完成）

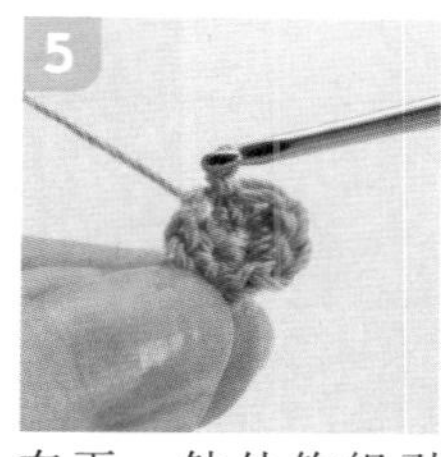
在下一针处钩织引拔针。

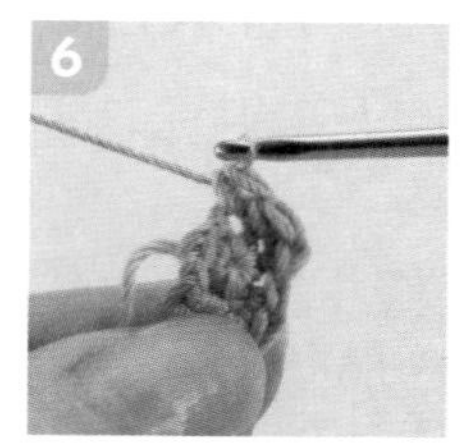
钩织1针分2针中长针、1针短针。

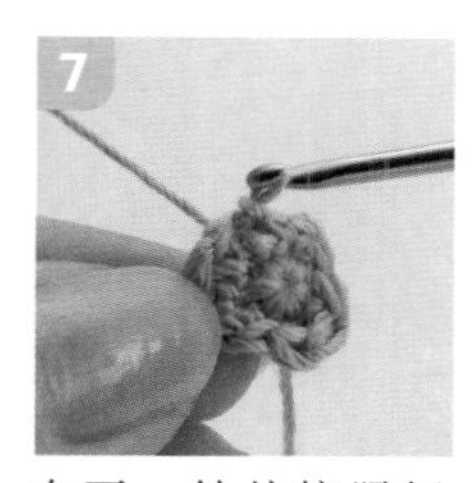
在下一针处按照短针、锁针、短针的顺序钩织。

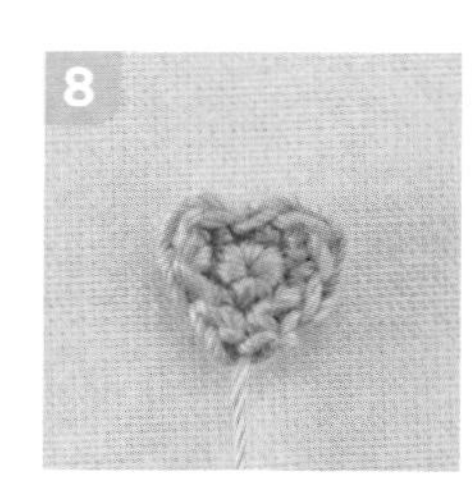
把钩针插入第1针短针的针眼里，钩织引拔针。钩织结尾处的线要留长一些。

10 组装

把（中）叠放在蛋糕主体（大）的中心处，缝衣针穿好线后开始缝合。

2个组装完成。

用同样方法把它们与蛋糕主体（小）组合起来，用缝衣针缝合。

最后把桃心缝合在蛋糕主体（小）上，处理好桃心的线头，制作完成。

具体钩织材料及方法

P4 花朵图案
1 花朵A

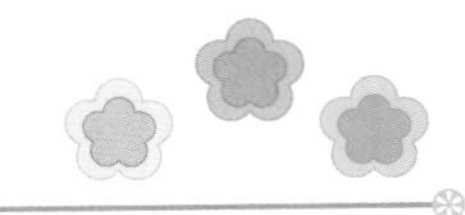

材 料

线：A淡粉色、深粉色 B淡橘色、橙黄色 C浅蓝色、浅紫色 D淡蓝色、蓝色 E黄绿、绿色
3/0号（2.30mm）钩针、缝衣针

制作方法

·A·
添加缝合
花朵小
花朵大
（淡粉色）（深粉色）
※钩织图、制作方法请参照P12~P15

·B·（淡橘色）（橙黄色）
·C·（浅蓝色）（浅紫色）
·D·（淡蓝色）（蓝色）
·E·（黄绿色）（绿色）

P4 花朵图案
2 花朵B

材 料

线：本色、浅黄色
3/0号（2.30mm）钩针、缝衣针

钩织图

[花朵·各种颜色各1片]
□本色·▨浅黄色
※←接着钩织

换线

P4 花朵图案
3 花朵C

材 料

线：A本色 B浅粉色 C粉色 D浅紫色 E蓝色 F淡蓝色 G浅黄色
3/0号（2.30mm）钩针、缝衣针

钩织图

[花朵·各种颜色各1片]
A本色 B浅粉色 C粉色 D浅紫色
E蓝色 F淡蓝色 G浅黄色
※←接着钩织

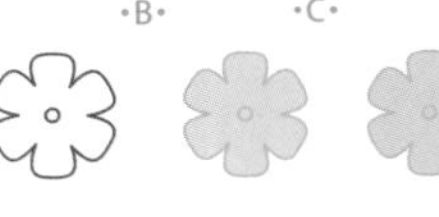

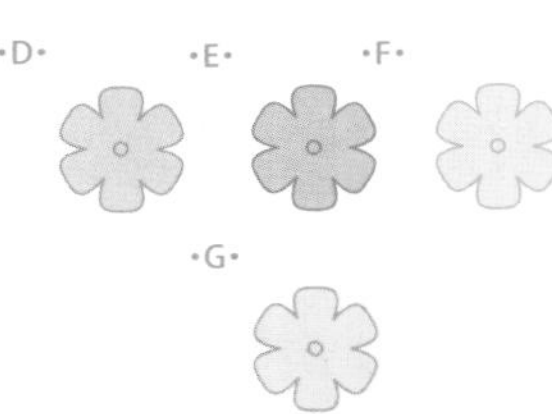

P4 花朵图案
4 花朵D

材 料

线：A淡橘色 B橙黄色 C淡粉色 D深粉色 E浅紫色 F浅蓝色
G蓝色 H淡蓝色 I黄绿色 J绿色 K浅黄色 L黄色
3/0号（2.30mm）钩针、缝衣针

钩织图

[花朵·各种颜色各1片]
A淡橘色 B橙黄色 C淡粉色 D深粉色 E浅紫色 F浅蓝色 G蓝色 H淡蓝色
I黄绿色 J绿色 K浅黄色 L黄色
※←接着钩织

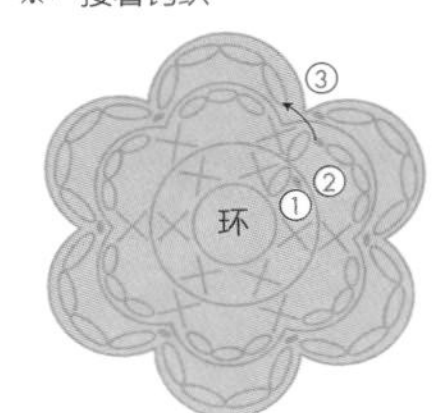

·A· ·B· ·C· ·D·
·E· ·F· ·G· ·H·
·I· ·J· ·K· ·L·

P4 花朵图案
5 花朵E

材 料

线：A黄绿色 B绿色 C黄色
3/0号（2.30mm）钩针、缝衣针

钩织图

[花朵·各种颜色各1片]
A黄绿色 B绿色 C黄色
※钩织第2圈时把钩针插入上一圈的缝隙里（♥）
※←接着钩织

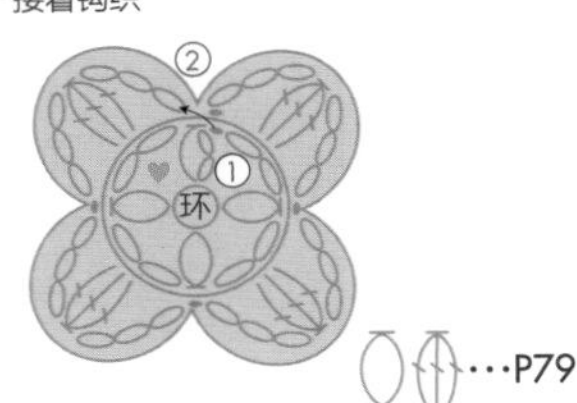

···P79

·A·

·B·

·C·

花朵图案

花朵F

材　料

线：A橙黄色 B粉色 C蓝色
3/0号（2.30mm）钩针、缝衣针

钩织图

[花朵・各种颜色各1片]
A橙黄色 B粉色
C蓝色
※钩织第2圈时把钩针插入上一圈的缝隙里（♥）
※←接着钩织

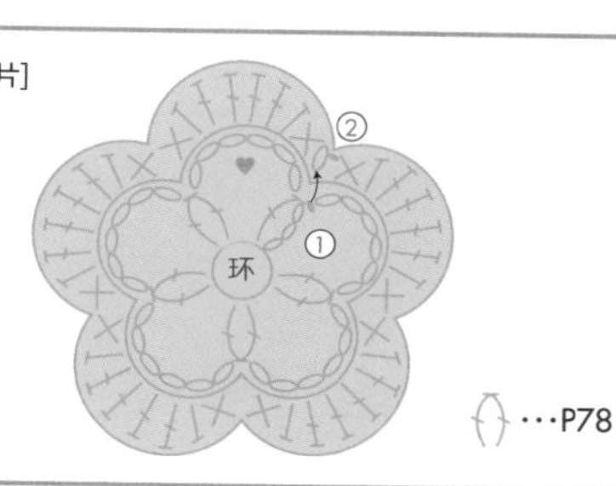

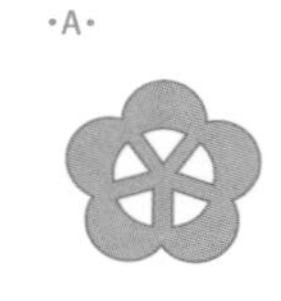

P6

花朵图案

7 多彩花朵系绳项链

材　料

线：黄绿色、淡蓝色、青色、蓝色、深粉色、黄色、本色
3/0号（2.30mm）钩针、缝衣针

钩织图

[花朵・各种颜色各1片]
A淡蓝色 B黄色 C深粉色
※钩织第2、3圈时把钩针插入上一圈的缝隙里（♥）
※←接着钩织

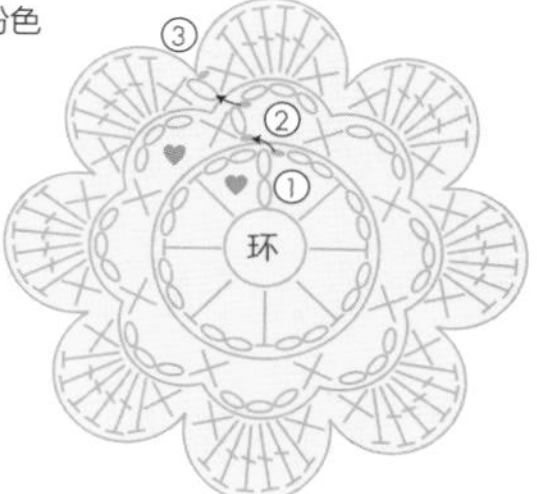

[花朵B・3片]
本色

[叶子・8片]
黄绿色

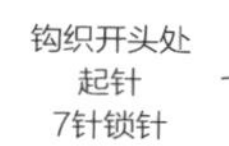

[绳子・1条]
黄绿色

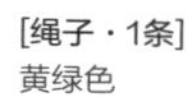
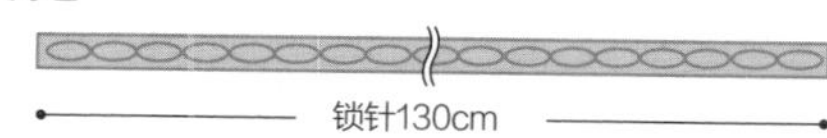

制作方法

① 钩织零件。花朵、叶子钩织开头处的线要留长一些。

② 使用钩织开头处的线把花朵、叶子添加在绳上，制作完成。

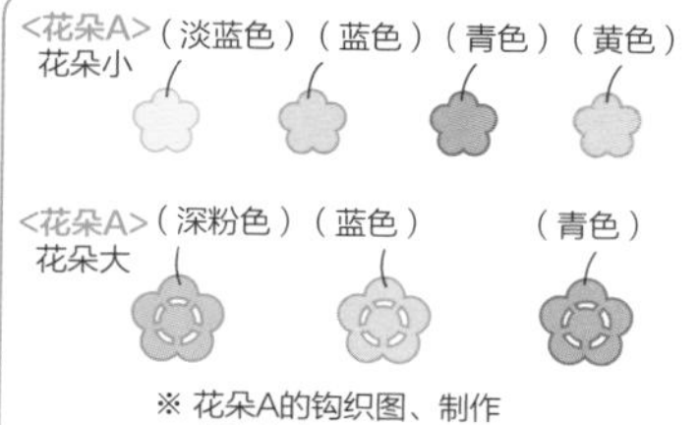

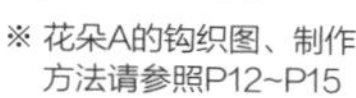

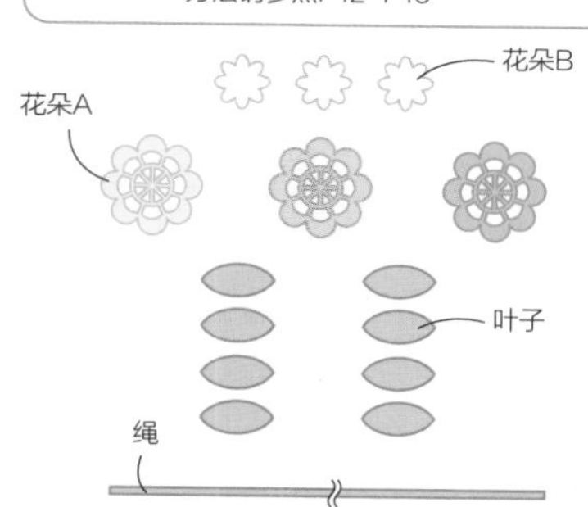

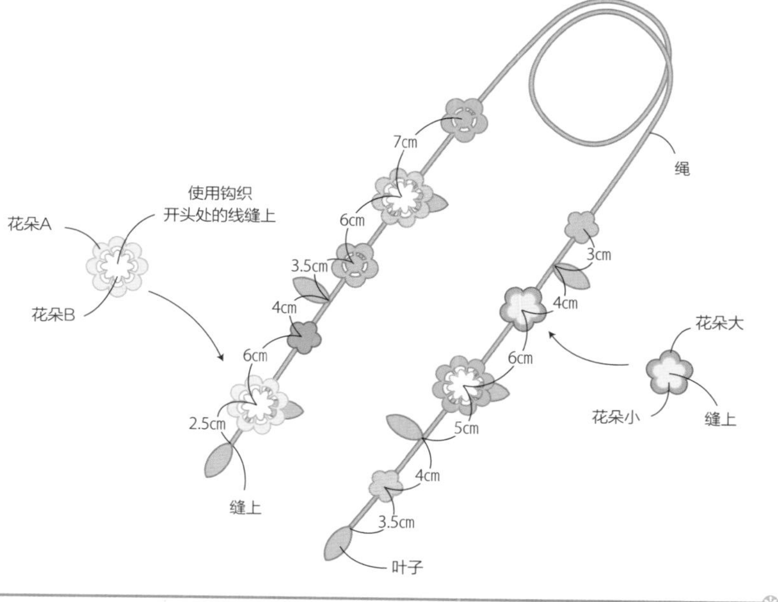

P7 花朵图案

8 白色花朵项链

材 料

线：本色、本色夹丝棉线　手工缝线：本色

3/0号（2.30mm）钩针、缝衣针　缎带蝴蝶结：（1.3cm宽）本色 130cm

制作方法

① 钩织花朵图案。

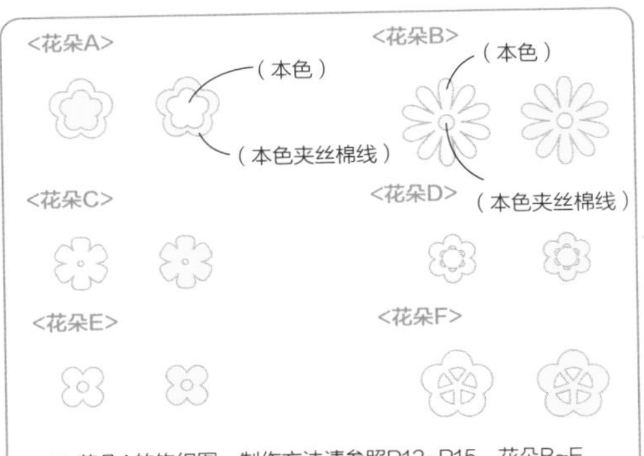

※ 花朵A的钩织图、制作方法请参照P12~P15，花朵B~E的钩织图请参照P56，花朵F的钩织图请参照P57

② 使用手工缝线把图案缝在蝴蝶结缎带上，制作完成。

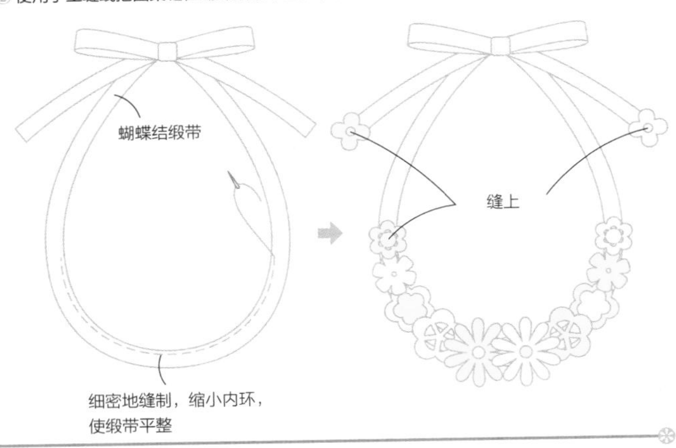

P8 花朵图案

9 花朵发夹

材 料

线：黄绿色、绿色、本色、淡蓝色、浅黄色

3/0号（2.30mm）钩针、缝衣针　发夹：（长度8cm）1条

钩织图

[花朵中心大・1片]
浅黄色

[花朵中心小・6片]
浅黄色

[叶子・8片]
绿色

钩织开头处
起针
6针锁针

[衬底・1片]
黄绿色

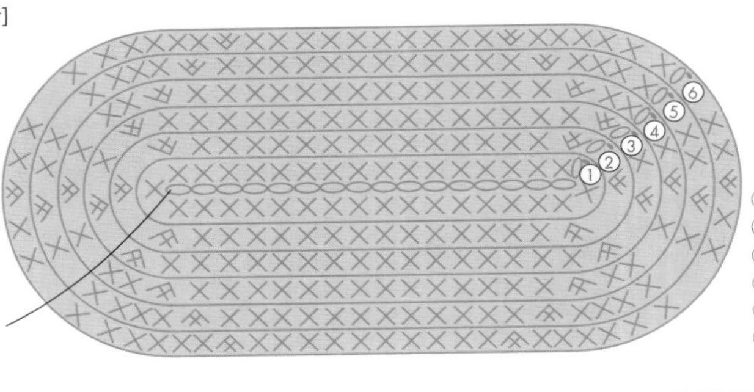

钩织开头处
起针
16针锁针

⑥ 64针
⑤ 58针
④ 52针
③ 46针
② 40针
① 34针

制作方法

① 钩织零件。花朵、叶子钩织开头处的线要留长一些。

<花朵A>
花朵大
（本色）
<花朵D>
<花朵B>
（淡蓝色）

※ 花朵A的钩织图、制作方法请参照P12~P15，花朵B、花朵D的钩织图请参照P56（钩织花朵B时不需要换线）

花朵中心（小）　花朵中心（大）

叶子　衬底

② 使用钩织开头处的线把花朵、叶子缝合在衬底上，添加发夹，制作完成。

花朵D
花朵中心（小）
缝上
叶子
从下面开始按照
顺序重叠缝制

<前>
缝上
花朵中心（大）
花朵大
花朵B

<后>
发夹
缝上

P9 花朵图案

10 花朵系绳项链

材 料

线：均用洗水棉线，粉色、黄绿色、米黄色、翡翠绿、白色
4/0号（2.50mm）钩针、缝衣针

钩织图

[花朵A · 1片]
粉色
※钩织第2~3圈时把钩针插入上一圈的缝隙里（♥）
※←接着钩织

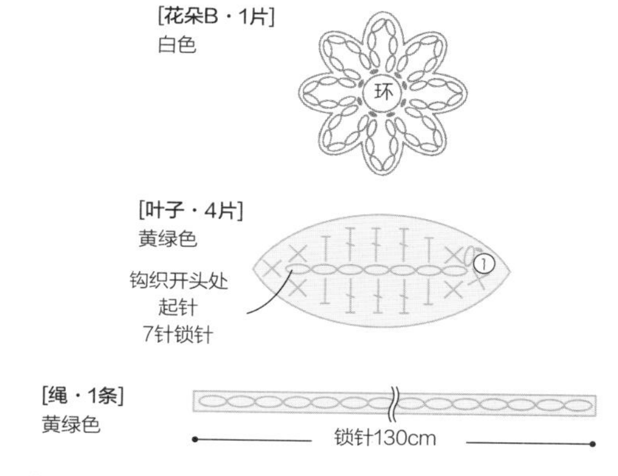

[花朵B · 1片]
白色

环

[叶子 · 4片]
黄绿色

钩织开头处
起针
7针锁针

①

[绳 · 1条]
黄绿色

锁针130cm

制作方法

① 钩织零件。花朵、叶子钩织开头处的线要留长一些。

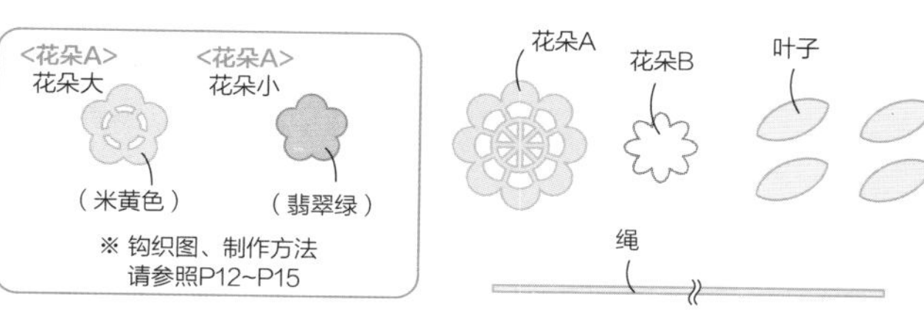

② 使用钩织开头处的线把花朵、叶子缝在绳上，制作完成。

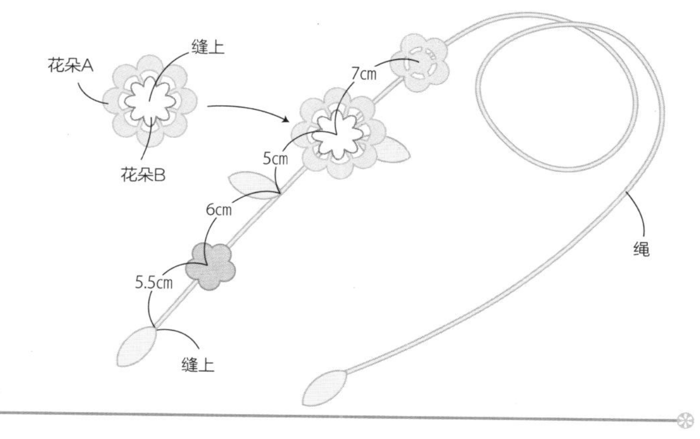

P10 花朵图案

12 花朵头绳

材 料

线：A本色、浅紫色、蓝色、淡蓝色 B本色、浅粉色、粉色、浅黄色
3/0号（2.30mm）钩针、缝衣针　圆橡皮筋：（粗0.3cm）白色各20cm

钩织图

[头绳主体 · 各色1条]
A蓝色 B浅粉色

96针
②添加线
①打结
圆橡皮筋20cm

挽起圆橡皮筋，钩织长针

制作方法

① 钩织零件。花朵钩织开头处的线要留长一些。

·A·
<花朵C>
（本色）（浅紫色）（蓝色）（淡蓝色）
※ 各颜色分别钩织3片
※ 钩织图请参照P56

头绳主体

② 使用钩织开头处的线把花朵缝合在头绳主体上，制作完成。

·A·
<前>
<后>
空7针缝合

·B·
（浅粉色）
（本色）
（浅黄色）（粉色）

P9 花朵图案

11 花朵耳环

材 料

线：本色夹丝棉线
3/0号（2.30mm）钩针、缝衣针
耳环零件：金色1对
链条：金色4cm 圆环：（3.5mm）金色4个

P11 花朵图案

13 花朵发卡

材 料

线：A浅橘色 B橙黄色 C深粉色 D浅紫色 E浅蓝色 F蓝色 G淡蓝色 H黄绿色 I浅黄色 J黄色
3/0号（2.30mm）钩针、缝衣针 发卡：黑色各1条

制作方法

① 钩织花朵图案。
② 把耳环零件添加在花朵图案上，制作完成。

制作方法

① 钩织花朵图案。钩织开头处的线要留长一些。
② 使用钩织开头处的线把花朵缝在发卡上，制作完成。

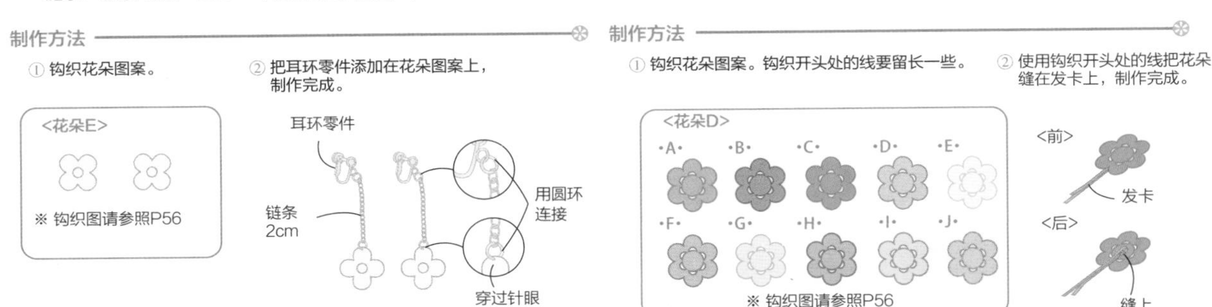

P18 方形和圆形花朵图案

15 圆形花朵杯垫

材 料

线：A橙黄色、浅橘色 B深粉色、浅粉色 C蓝色、淡蓝色 D绿色、黄绿色 A~D均需本色、浅黄色
3/0号（2.30mm）钩针、缝衣针

钩织图

[杯垫・各色1片]
※钩织第5、6、7圈时把钩针插入上一圈的缝隙里（♥）
※←接着钩织

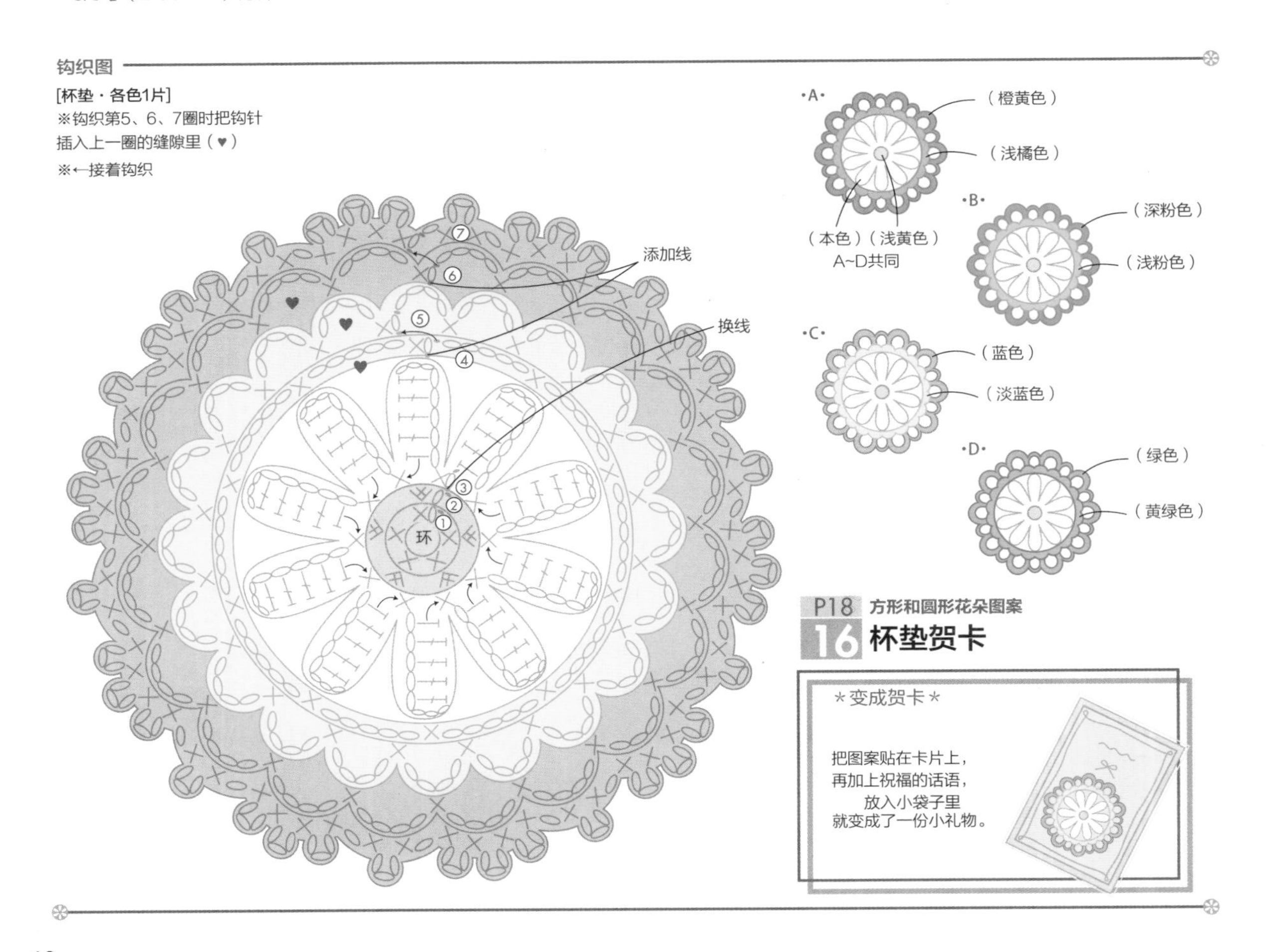

P18 方形和圆形花朵图案

16 杯垫贺卡

＊变成贺卡＊

把图案贴在卡片上，
再加上祝福的话语，
放入小袋子里
就变成了一份小礼物。

P17 方形和圆形花朵图案

14 方形花朵小袋

材 料

线：淡蓝色、本色、浅橘色、橙黄色、浅粉色、深粉色、浅紫色、浅蓝色、蓝色、黄绿色、绿色、浅黄色、黄色
3/0号（2.30mm）钩针、缝衣针

钩织图

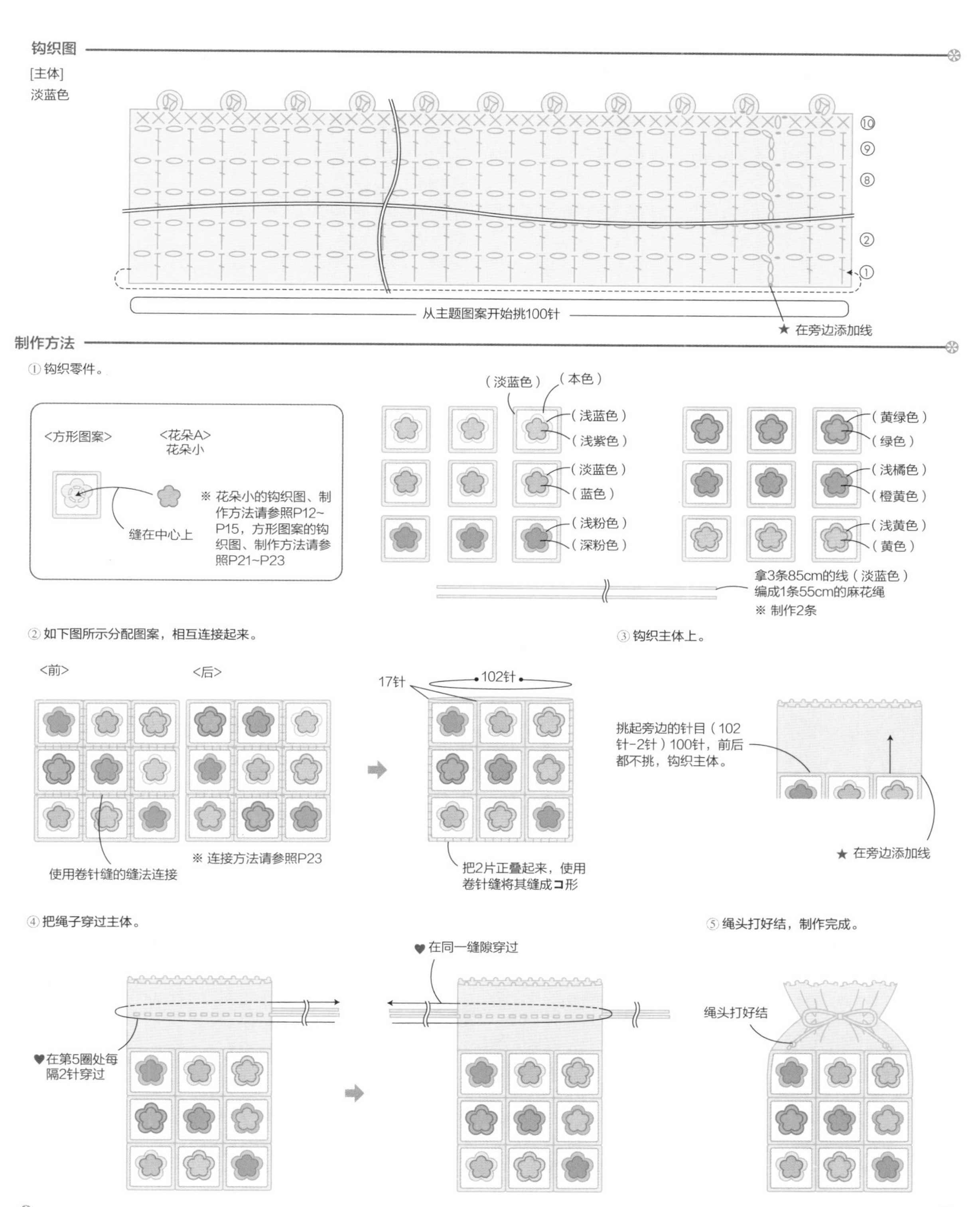

P20 方形和圆形花朵图案

18 方形花朵迷你手提包

材料

线：粉色、浅粉色、本色夹丝棉线
3/0号（2.30mm）钩针、缝衣针

钩织图

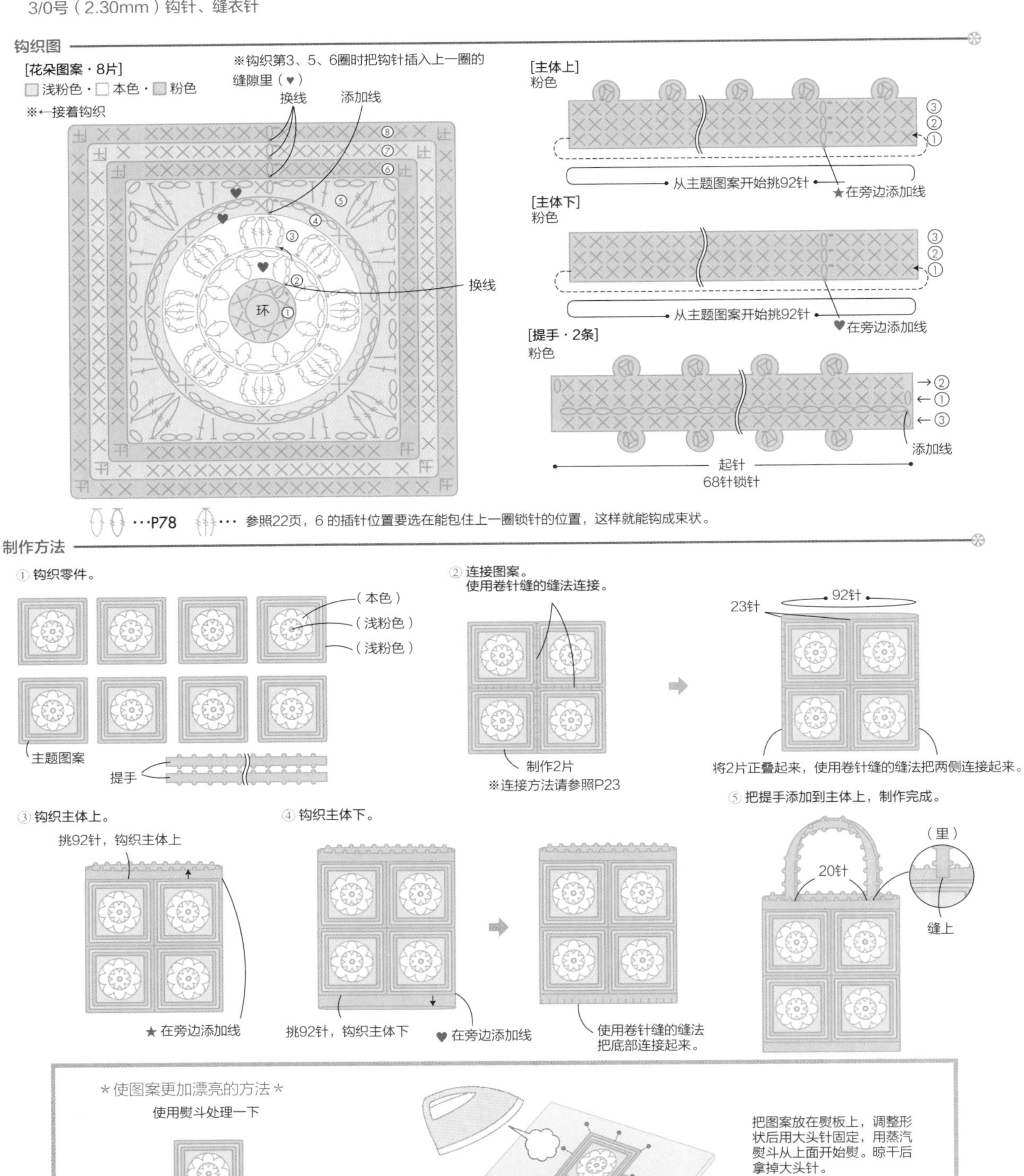

使图案更加漂亮的方法

使用熨斗处理一下

此方法可以使图案平整、不起皱，外观会更加漂亮。

把图案放在熨板上，调整形状后用大头针固定，用蒸汽熨斗从上面开始熨。晾干后拿掉大头针。

P24 平面图案

19 蝴蝶

材 料

线：A蓝色、淡蓝色、本色 B绿色、浅黄色、本色
3/0号（2.30mm）钩针、缝衣针

钩织图

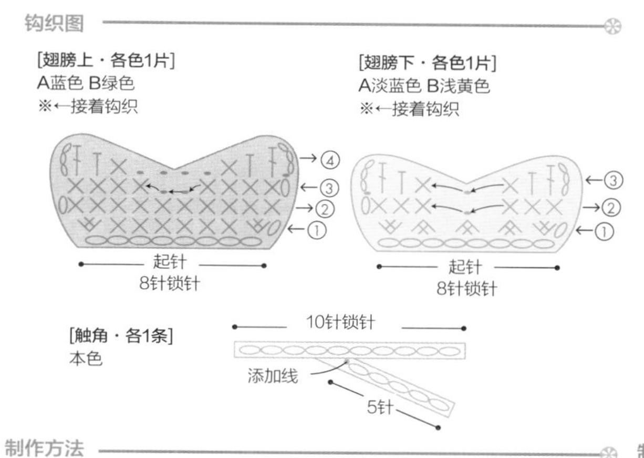

制作方法

① 钩织零件。

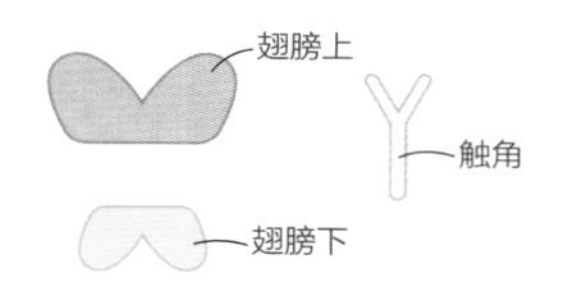

② 把翅膀上粘贴在翅膀下上面。

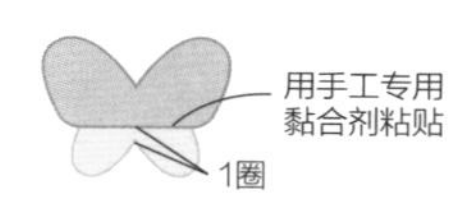

③ 把触角添加在身体上。

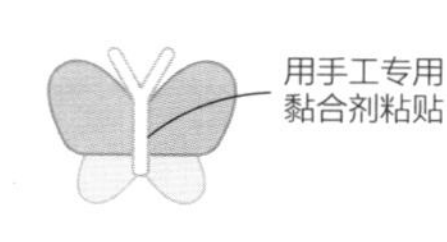

④ 制作完成。

・A・

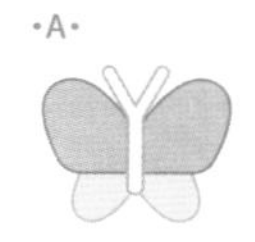

・B・

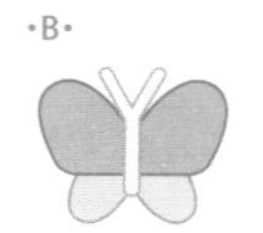

P24 平面图案

28 小鸟

材 料

线：A浅粉色、红色、黄色、深棕色 B淡蓝色、青色、黄色、深棕色 3/0号（2.30mm）钩针、缝衣针

钩织图

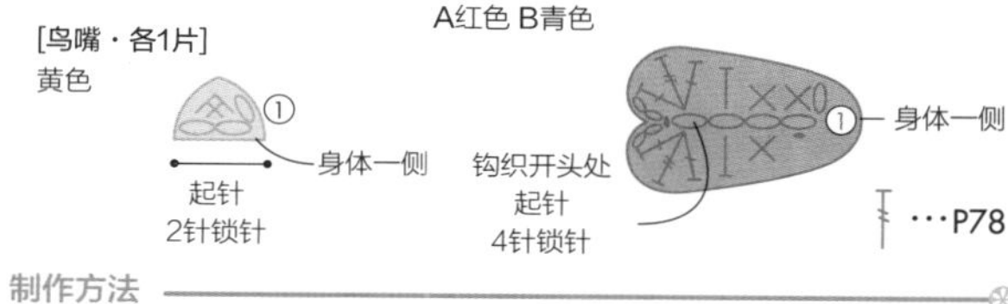

制作方法

① 钩织零件。

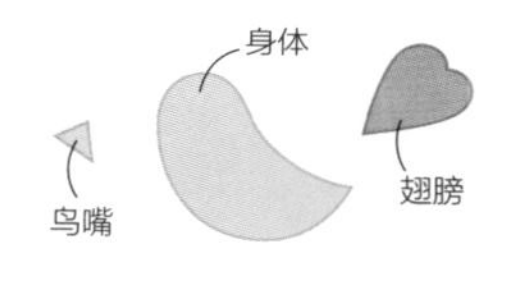

② 把翅膀和鸟嘴粘贴到身体上。

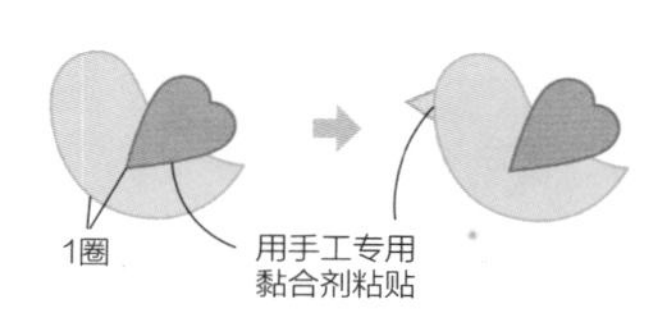

③ 刺绣出眼睛。

④ 制作完成。

・A・ ・B・

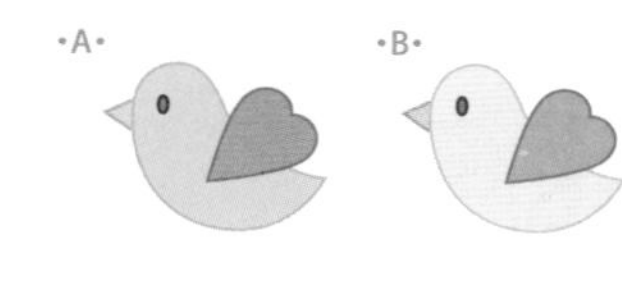

P24 平面图案

24 宝石

材 料

线：A浅紫色 B浅蓝色 C黄绿色
3/0号（2.30mm）钩针、缝衣针

钩织图

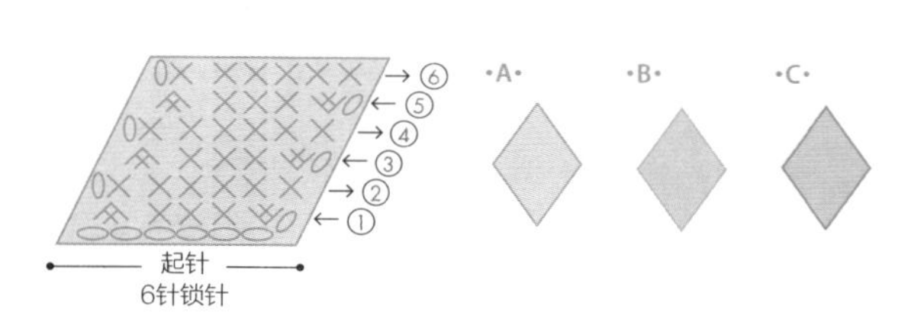

P24 平面图案

26 桃心

材 料

线：A橙黄色 B深粉色 C青色 D紫色
3/0号（2.30mm）钩针、缝衣针

钩织图

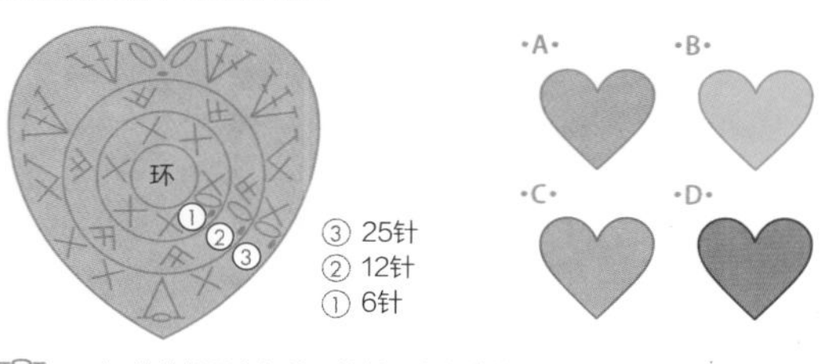

P24
20 王冠

平面图案

材 料

线：黄色、本色、深粉、粉色、浅黄色
3/0号（2.30mm）钩针、缝衣针

钩织图

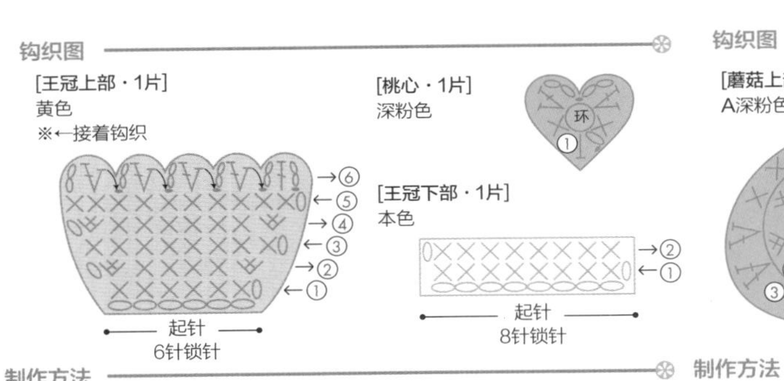

制作方法

① 钩织零件。桃心钩织结尾处的线要留长一些。

② 把王冠下部添加到王冠上部下面。

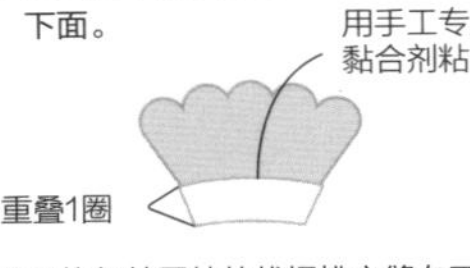

③ 绣出花纹。

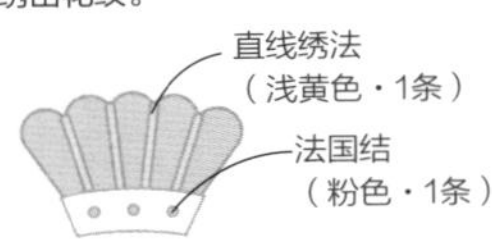

※ 刺绣方法…P77

④ 使用钩织结尾处的线把桃心缝在王冠上，制作完成。

P24
25 蘑菇

平面图案

材 料

线：A深粉色、本色 B浅蓝色、本色
3/0号（2.30mm）钩针、缝衣针

钩织图

[蘑菇上部・各色1片]
A深粉色 B浅蓝色

环
③ 20针
② 12针
① 6针

[蘑菇下部・各色1片]
本色

钩织开头处
起针
5针锁针

制作方法

① 钩织零件。

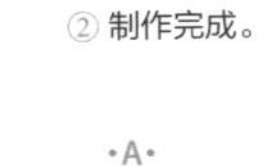

② 把蘑菇上部粘贴到蘑菇下部上面。

② 制作完成。

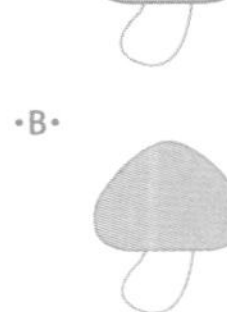

P26
29 桃心发夹

平面图案

材 料

和No.26桃心（P63）相同
发夹：（长度8cm）1条

制作方法

① 钩织桃心。

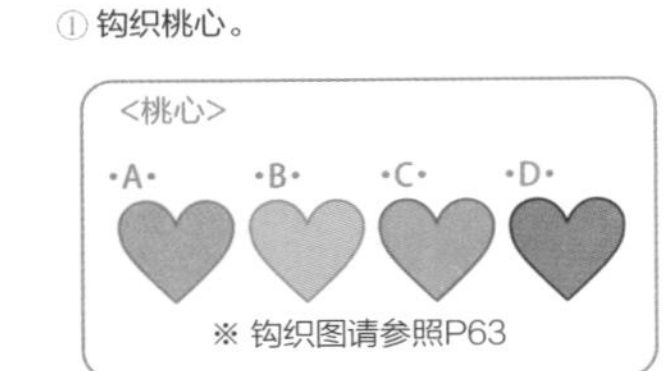

② 把发夹添加到桃心上，制作完成。

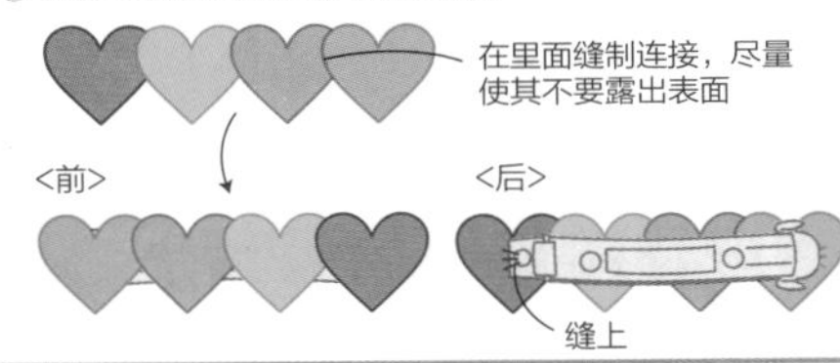

P26
30 王冠发卡

平面图案

材 料

和No.20 王冠相同
带底托发卡：金色1条

钩织图

① 钩织王冠。

<王冠>

※ 钩织图、制作方法请参照上图

② 把发卡粘贴到王冠上，制作完成。

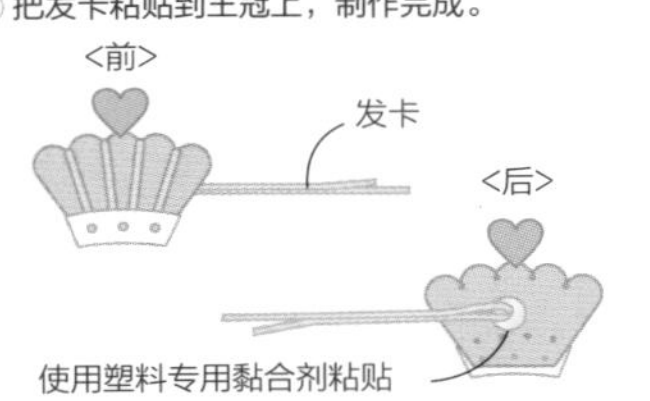

P26
31 蝴蝶结发饰

平面图案

材 料

和No.23 蝴蝶结（P28）相同
梳子：（宽35mm）银色1条

钩织图

① 钩织蝴蝶结。

② 把梳子缝到蝴蝶结上，制作完成。

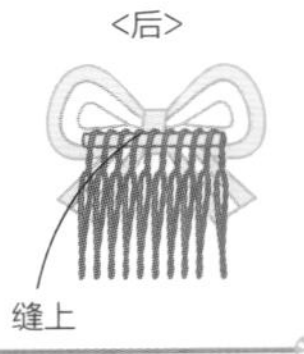

21 苹果

P24 平面图案

材 料

线：红色、本色、深棕色、茶色
3/0号（2.30mm）钩针、缝衣针

钩织图

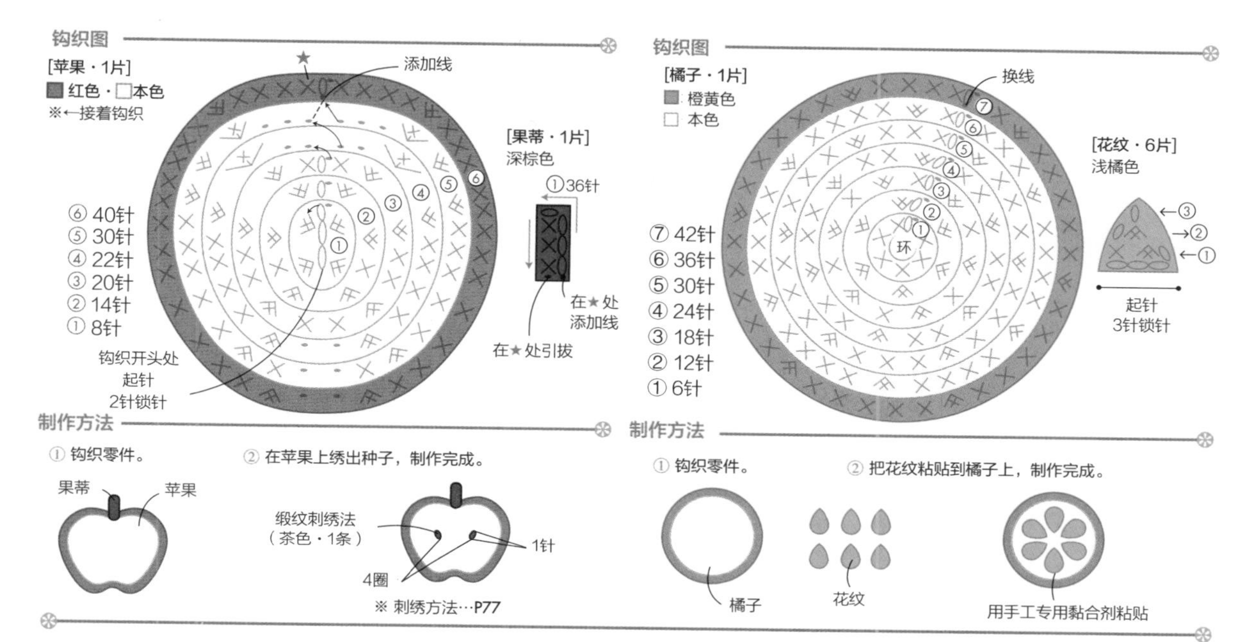

制作方法

① 钩织零件。

果蒂 苹果

② 在苹果上绣出种子，制作完成。

缎纹刺绣法（茶色·1条）
1针
4圈

※ 刺绣方法…P77

22 橘子

P24 平面图案

材 料

线：橙黄色、浅橘色、本色
3/0号（2.30mm）钩针、缝衣针

制作方法

① 钩织零件。

橘子 花纹

② 把花纹粘贴到橘子上，制作完成。

用手工专用黏合剂粘贴

27 西瓜

P24 平面图案

材 料

线：绿色、红色、本色、黑色
3/0号（2.30mm）钩针、缝衣针

钩织图

[西瓜·1片]
红色·□ 本色·绿色

⑧ 27针
⑦ 23针
⑥ 20针
⑤ 16针
④ 13针
③ 10针
② 6针
① 3针

添加线
环

制作方法

① 钩织6圈后，把织片翻过来，添加线钩织7~8圈，这面当作表面。

② 绣出瓜籽，制作完成。

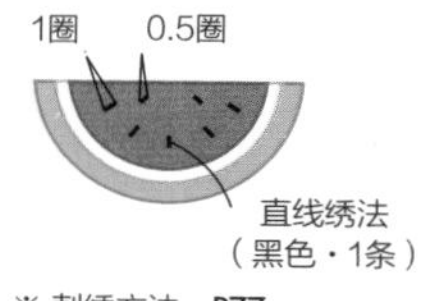

※ 刺绣方法…P77

32~34 水果卡

P27 平面图案

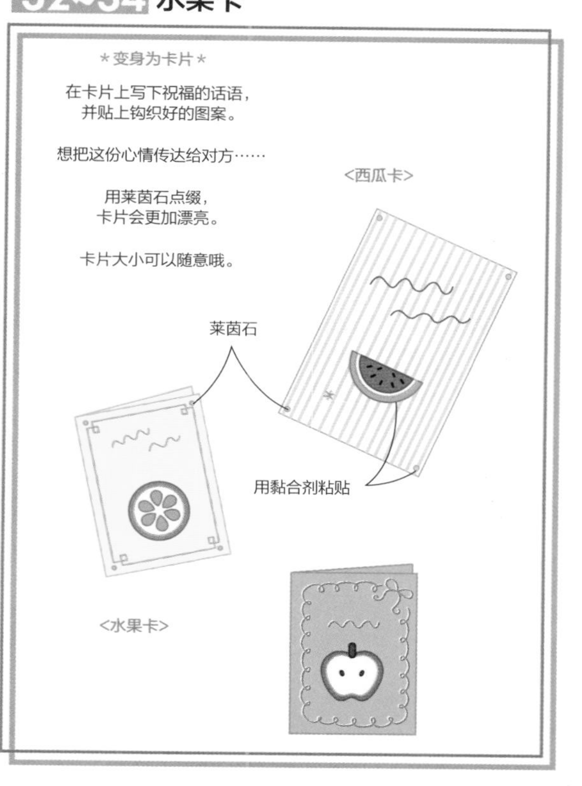

P30 时尚小物

35 粉色帽子

材 料

线：均用洗水棉线，粉色、米黄色

4/0号（2.50mm）钩针、缝衣针

钩织图

制作方法

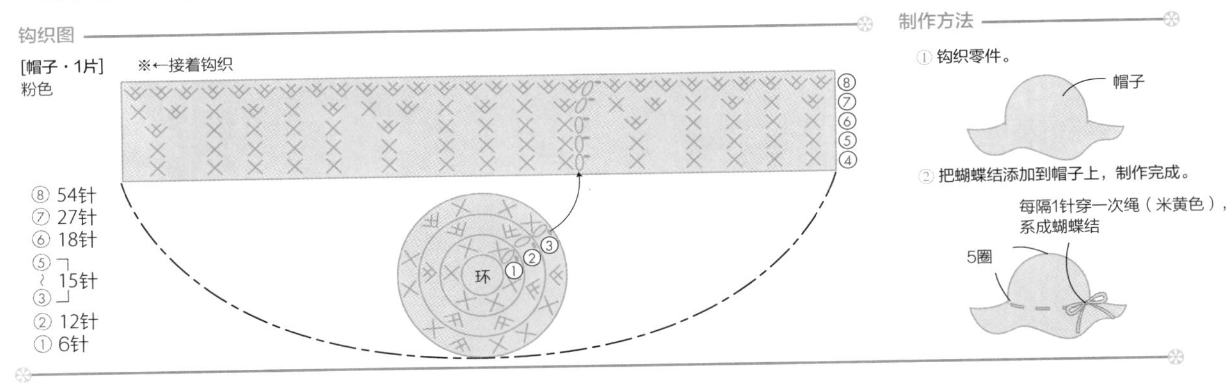

P30 时尚小物

36 挎包

材 料

线：均用洗水棉线，胭脂红、米黄色

4/0号（2.50mm）钩针、缝衣针

钩织图

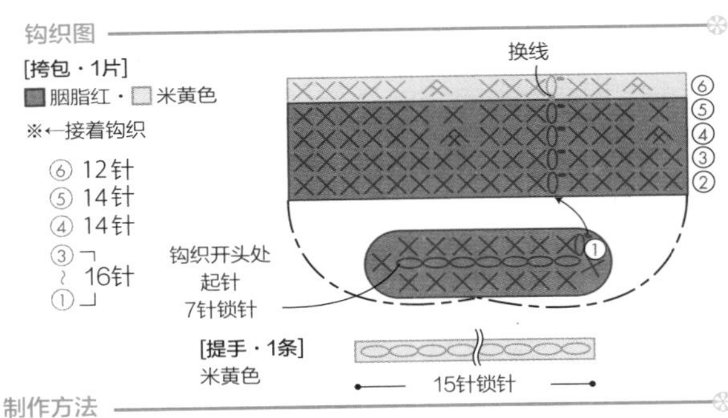

制作方法

① 钩织零件。提手钩织开头处和结尾处的线要留长一些。

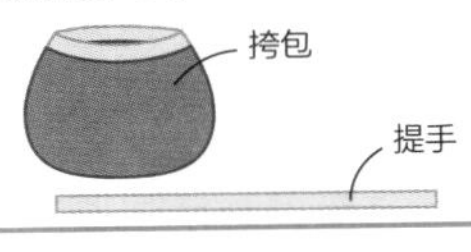

② 使用钩织开头和结尾处的线把提手缝合在挎包上，制作完成。

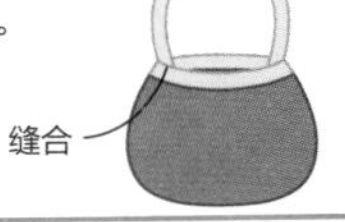

P30 时尚小物

37 芭蕾舞鞋

材 料

线：均用洗水棉线，粉色、胭脂红

4/0号（2.50mm）钩针、缝衣针

钩织图

[舞鞋・2片]

粉色

※←接着钩织

★

④ 14针

③ 18针

② 18针

① 14针

钩织开头处

起针

6针锁针

⋀ …P78

制作方法

① 钩织舞鞋。

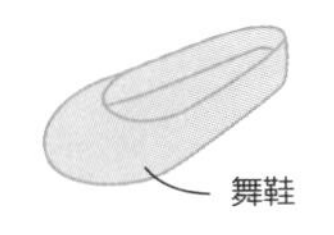

② 把蝴蝶结缝合到舞鞋上，制作完成。

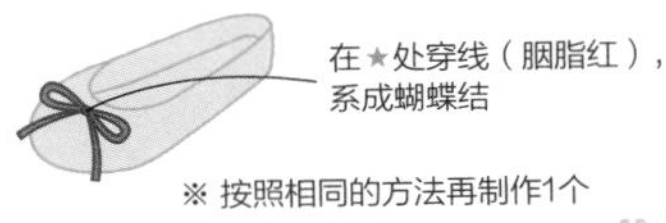

※ 按照相同的方法再制作1个

P30 时尚小物

39 海军蓝手提包

材 料

线：均用洗水棉线，白色、深蓝色

4/0号（2.50mm）钩针、缝衣针

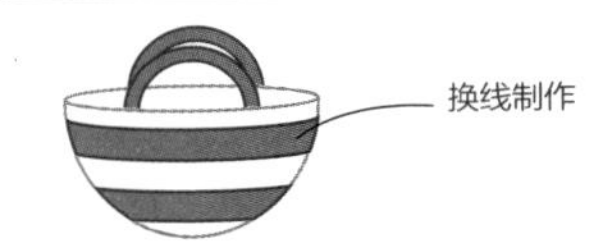

※ 钩织图、制作方法和P34~P35相同

P30 时尚小物

38 草帽

材 料

线：米黄色洗水棉线
4/0号（2.50mm）钩针、缝衣针

钩织图

[帽子・1片] ※←接着钩织
米黄色

⑨ 31针
⑧ 31针
⑦ 23针
⑥～③ 15针
② 12针
① 6针

制作方法

① 钩织帽子。

帽子

② 把蝴蝶结添加到舞鞋上，制作完成。

在第6圈穿线（米黄色），系成蝴蝶结

P30 时尚小物

40 花朵凉鞋

材 料

线：均用洗水棉线，淡蓝色、翡翠绿、粉色
4/0号（2.50mm）钩针、缝衣针

钩织图

[鞋底・4片]
淡蓝色

钩织开头处
起针
6针锁针

[鞋带・2条]
淡蓝色

10针

钩织开头处
起针
3针锁针

[花朵・2片]
翡翠绿

[鞋帮・2条]
淡蓝色

起针
8针锁针

制作方法

① 钩织零件。

鞋帮
鞋底
鞋带
法国结（粉色・1条）
花朵
※ 刺绣方法…P77

② 制作鞋底和鞋带。

鞋底
把2片正叠起来，使用卷针缝把它们连接起来
鞋带
两端相互缝合

③ 把鞋帮、鞋带、花朵缝合到鞋底上，制作完成。

鞋带
鞋帮
缝合
缝合
花朵

※ 按照相同的方法再制作1个

P31 时尚小物

41 迷你手提袋

材 料

线：A深粉色 B青色 C绿色 D黄色 E橙黄色 A~E均需浅茶色
3/0号（2.30mm）钩针、缝衣针

颜色变化

·A·

※ 钩织图、制作方法和P34~P35相同

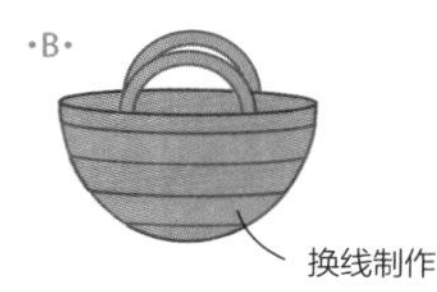

换线制作

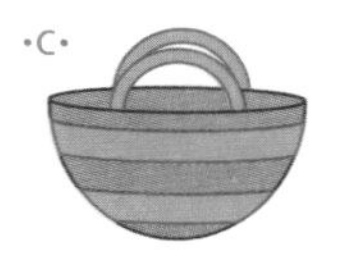

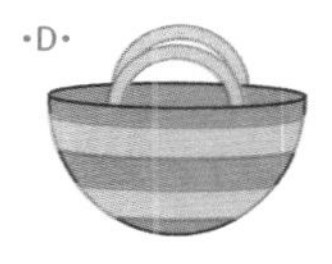

P31 时尚小物

42 迷你手提袋项链

材　料

和No.41 迷你手提包（P34）相同
皮绳：（0.3cm宽）深棕色80cm

制作方法

① 钩织手提包。　② 把皮绳穿过手提包，制作完成。

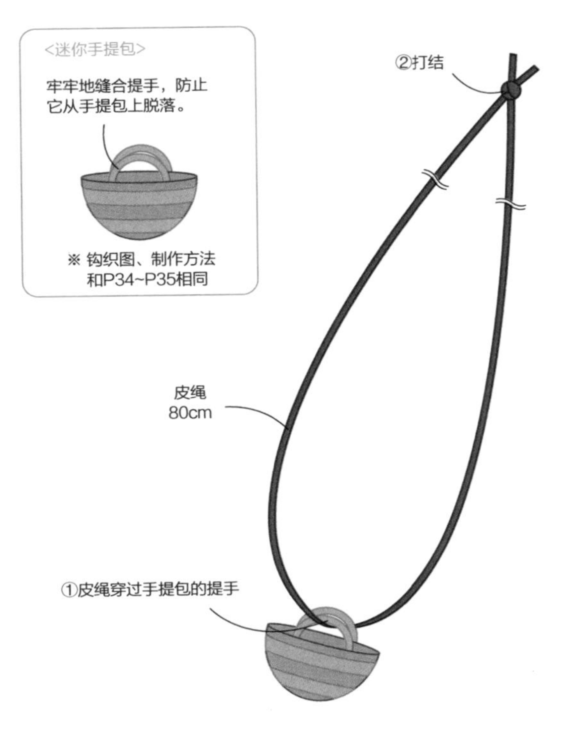

P32 时尚小物

44 圆形手提包

材　料

线：浅粉色、本色
3/0号（2.30mm）钩针钩针、缝衣针
皮绳：（0.3cm宽）胭脂红8cm

钩织图

[手提包・1片]
浅粉色・本色
※←接着钩织

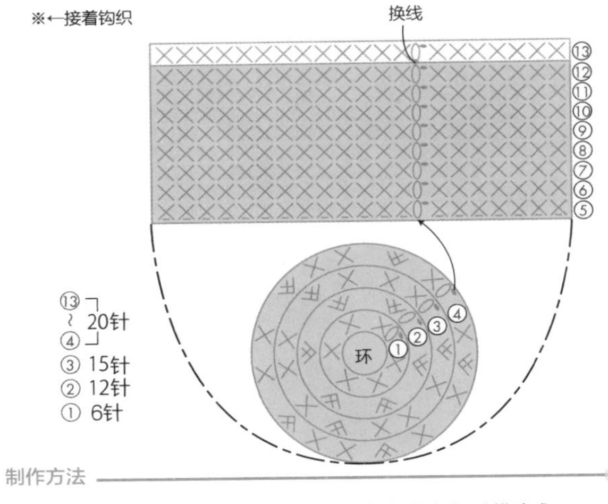

制作方法

① 钩织手提包。　② 把提手粘贴到手提包上，制作完成。

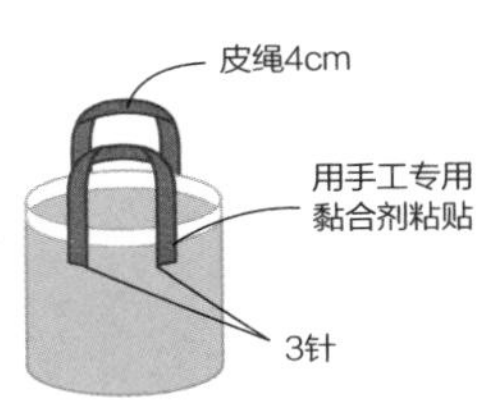

P32 时尚小物

43 购物包

材　料

线：本色、淡蓝色
3/0号（2.30mm）钩针、缝衣针

钩织图

[购物包・1片]
本色・淡蓝色
※←接着钩织

换线

⑨ 28针
⑧～⑥ 24针
⑤～② 22针
① 16针

钩织开头处
起针
7针锁针

[提手・2条]
淡蓝色

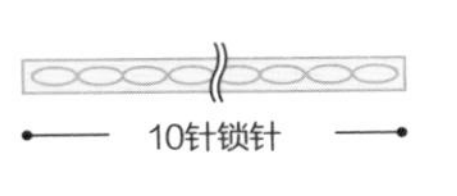

制作方法

① 钩织零件。提手钩织开头处和结尾处的线要留长一些。

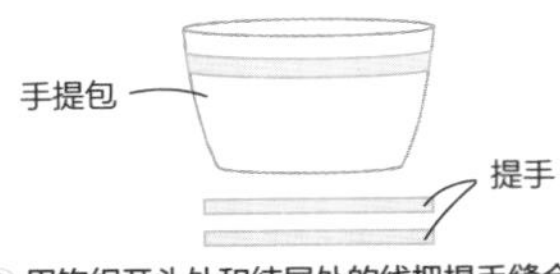

② 用钩织开头处和结尾处的线把提手缝合到购物包上，制作完成。

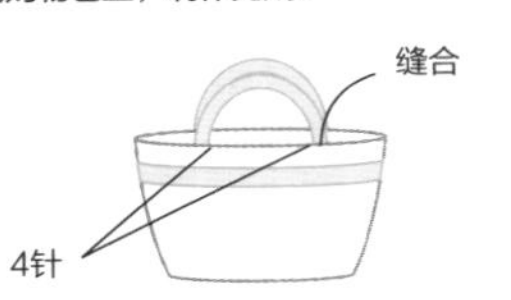

P32 时尚小物
45 小挎包

材 料

线：深粉色
化纤棉：少量 3/0号（2.30mm）钩针、缝衣针
木珠：（直径3.5mm）原木色1个

钩织图

[挎包・1片]
深粉色
※←接着钩织

→⑩
←⑨
→⑧
←⑦
从第7圈开始往返钩织
⑥ ⑤ ④ ③
⑩～⑦ 7针
⑥～② 16针
① 14针
② ①
钩织开头处
起针
6针锁针

[肩带・1条]
深粉色
40针锁针

制作方法

① 钩织零件。肩带钩织开头处和结尾处的线要留长一些。

② 用钩织开头处和结尾处的线把肩带缝合到挎包上，再缝上木珠，制作完成。

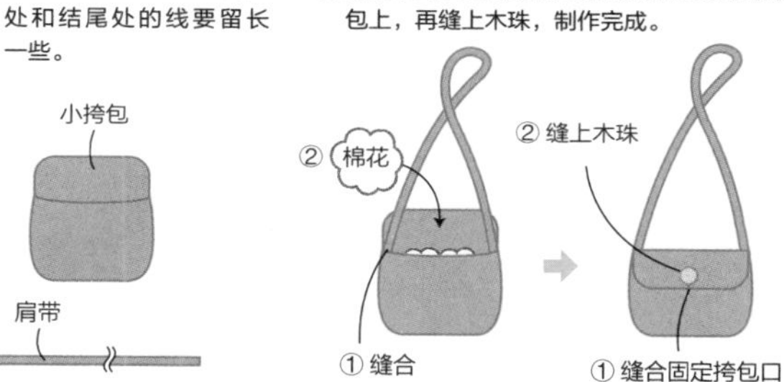

P32 时尚小物
46 夏季时尚小物

材 料

和No.39 海军蓝手提包（P66）相同
和No.38 草帽（P67）相同
和No.40 花朵凉鞋（P67）相同
带环链条：白色1条 手工缝线：淡蓝色
带球加固金属环：（球直径4mm）银色1个
圆环：（3.5mm）银色1个
菱形串珠：（3mm）淡蓝色8个 （4mm）淡蓝色4个

钩织图

① 钩织零件。 ② 组装零件，制作完成。

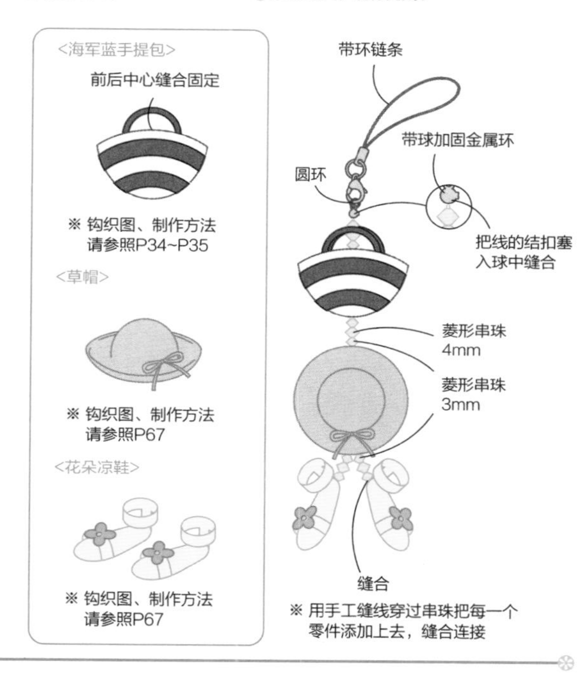

P33 时尚小物
50 香水瓶

材 料

线：均用洗水棉线，淡蓝色、白色、粉色
4/0号（2.50mm）钩针、缝衣针 化纤棉：少量

钩织图

[瓶・1片]
淡蓝色
※←接着钩织

⑧ 12针
⑦ 6针
⑥ 9针
⑤ 12针
④ 12针
③ 9针
② 6针
① 6针
环
…P78

[盖儿・1片]
白色
环

[气囊喷雾・1片]
白色
※←接着钩织
③～① 6针
环

钩织图

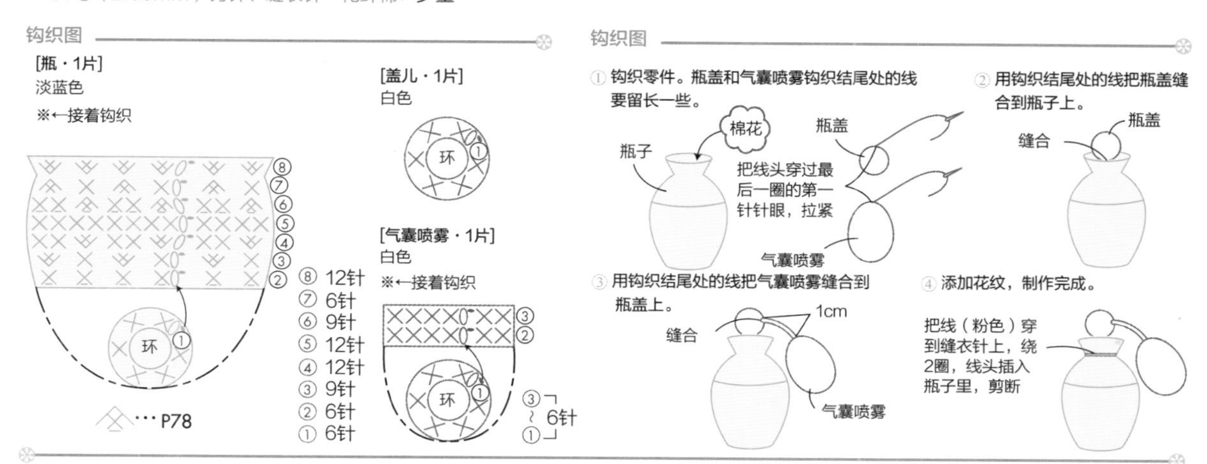

P33 时尚小物 47 粉扑盒

材 料

线：均用洗水棉线，浅白色、粉色、米黄色
4/0号（2.50mm）钩针、缝衣针 化纤棉：少量

P33 时尚小物 49 镜子

材 料

线：均用洗水棉线，翡翠绿、白色、粉色
4/0号（2.50mm）钩针、缝衣针

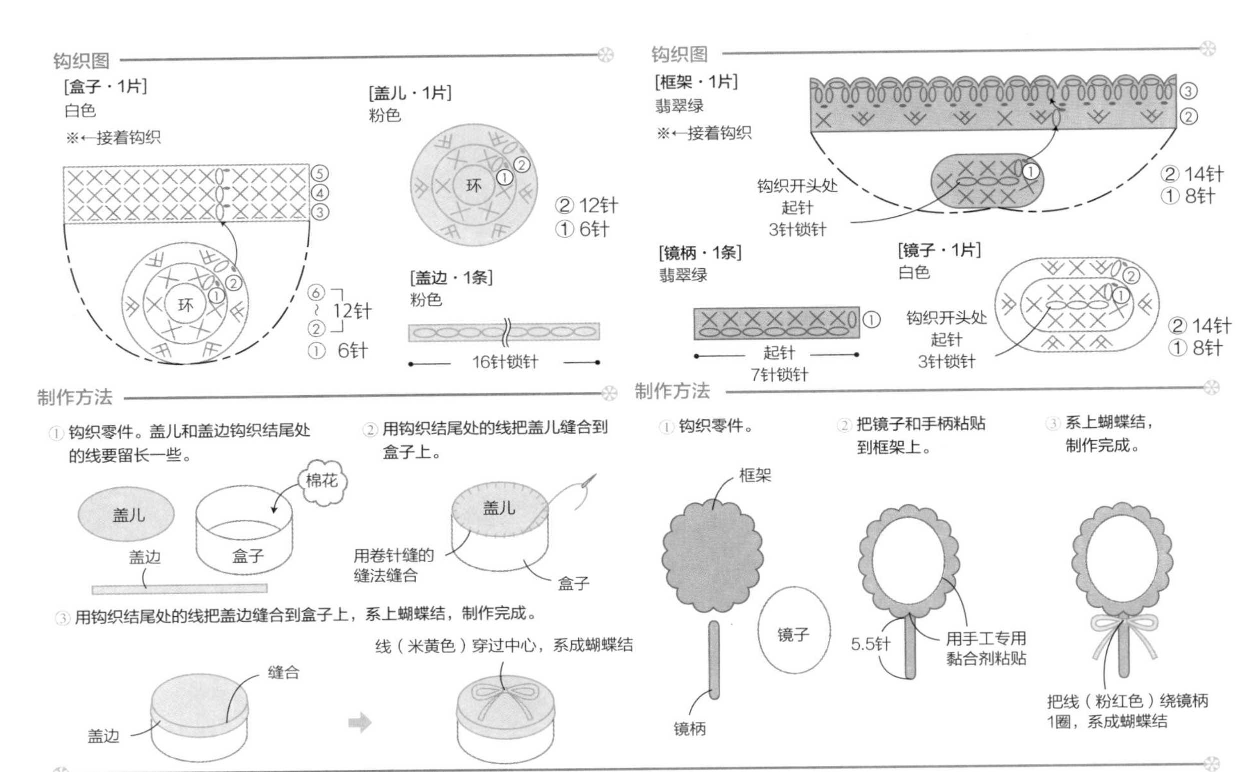

P33 时尚小物 48 化妆水瓶

材 料

线：均用洗水棉线，A白色、浅翡翠绿、粉红色 B粉红色、翡翠绿、米黄色
4/0号（2.50mm）钩针、缝衣针 化纤棉：少量

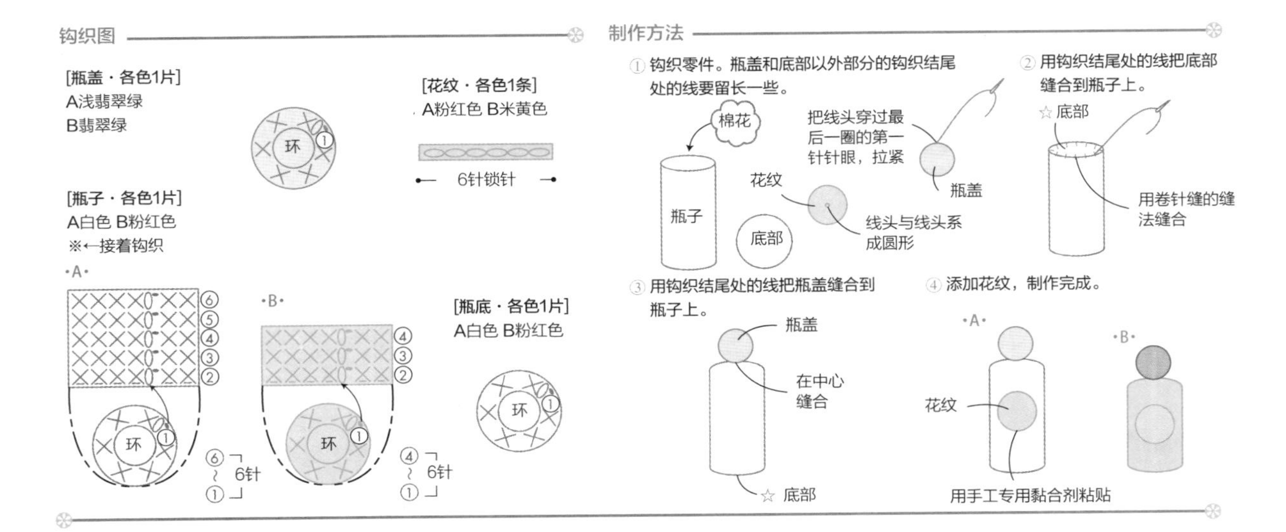

P37 下午茶时光

51 苹果

材 料

线：红色、茶色

3/0号（2.30mm）钩针、缝衣针 化纤棉：少量

钩织图

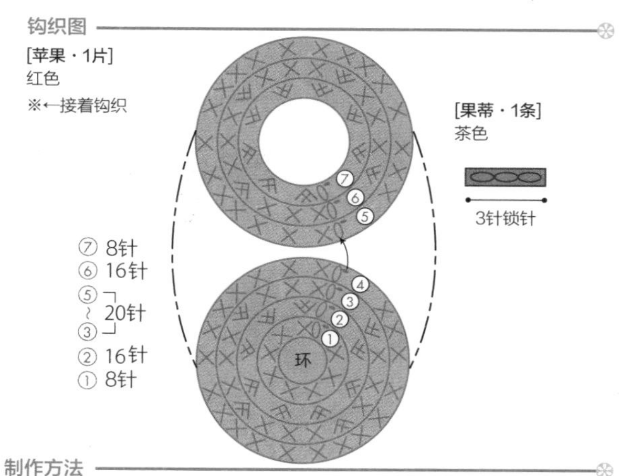

制作方法

① 钩织零件。果蒂钩织开头处的线要留长一些。

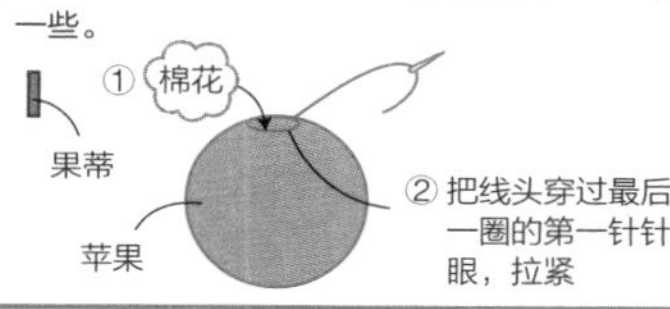

② 用钩织开头处的线把果蒂缝合到苹果上，制作完成。

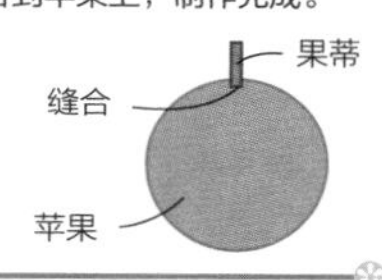

P37 下午茶时光

52 菠萝

材 料

线：翡黄色、绿色

3/0号（2.30mm）钩针、缝衣针 化纤棉：少量

钩织图

制作方法

① 钩织零件。叶子钩织开头处和结尾处的线要留长一些。

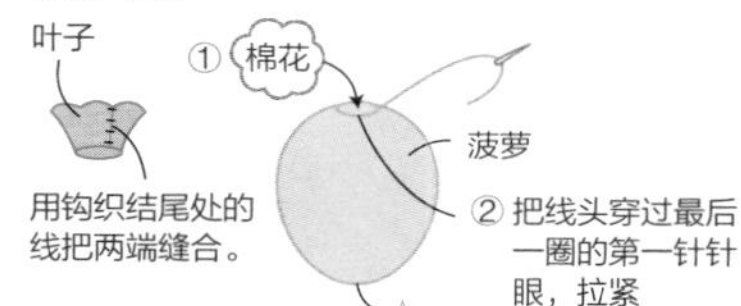

② 用钩织开头处的线把叶子缝合到菠萝上，制作完成。

P37 下午茶时光

53 橘子

材 料

线：橙黄色、黄绿色

3/0号（2.30mm）钩针、缝衣针 化纤棉：少量

钩织图

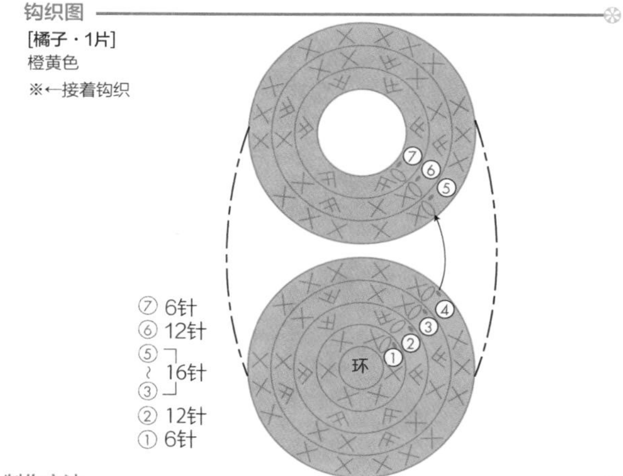

制作方法

① 钩织橘子。

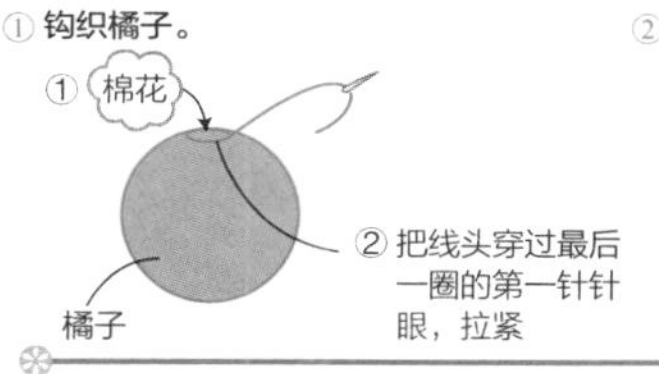

② 在橘子上绣出果蒂，制作完成。

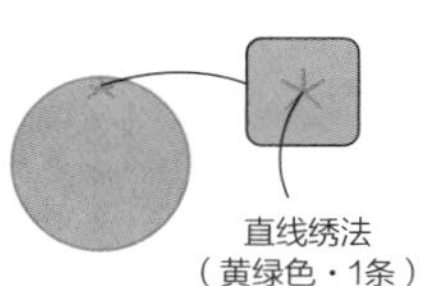

P37 下午茶时光

54 樱桃

材 料

线：红色、绿色、深棕色

3/0号（2.30mm）钩针、缝衣针 化纤棉：少量

钩织图

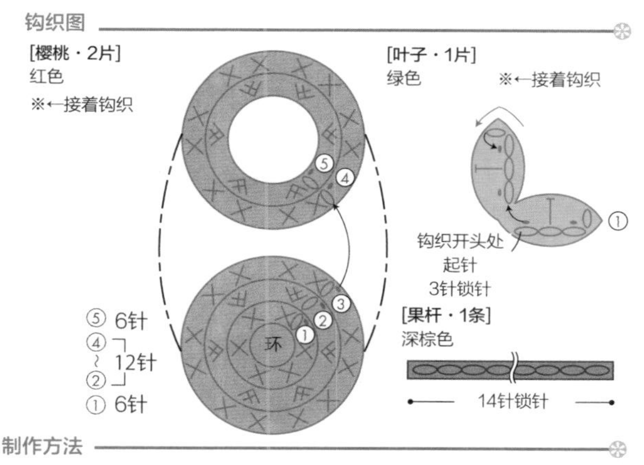

制作方法

① 钩织零件。叶子和果杆钩织开头处和结尾处的线要留长一些。

② 用钩织开头处和结尾处的线把果杆和叶子缝合到樱桃上，制作完成。

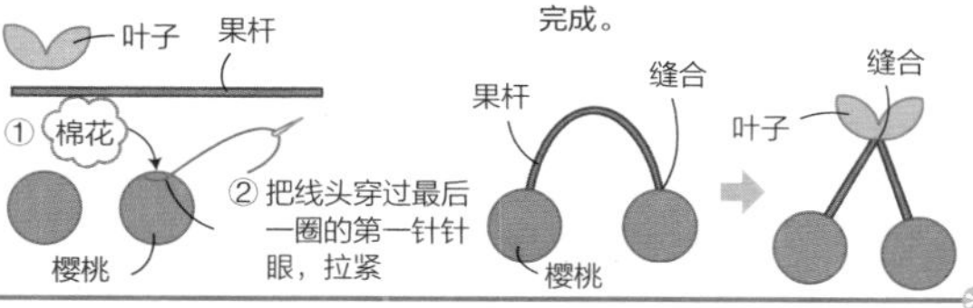

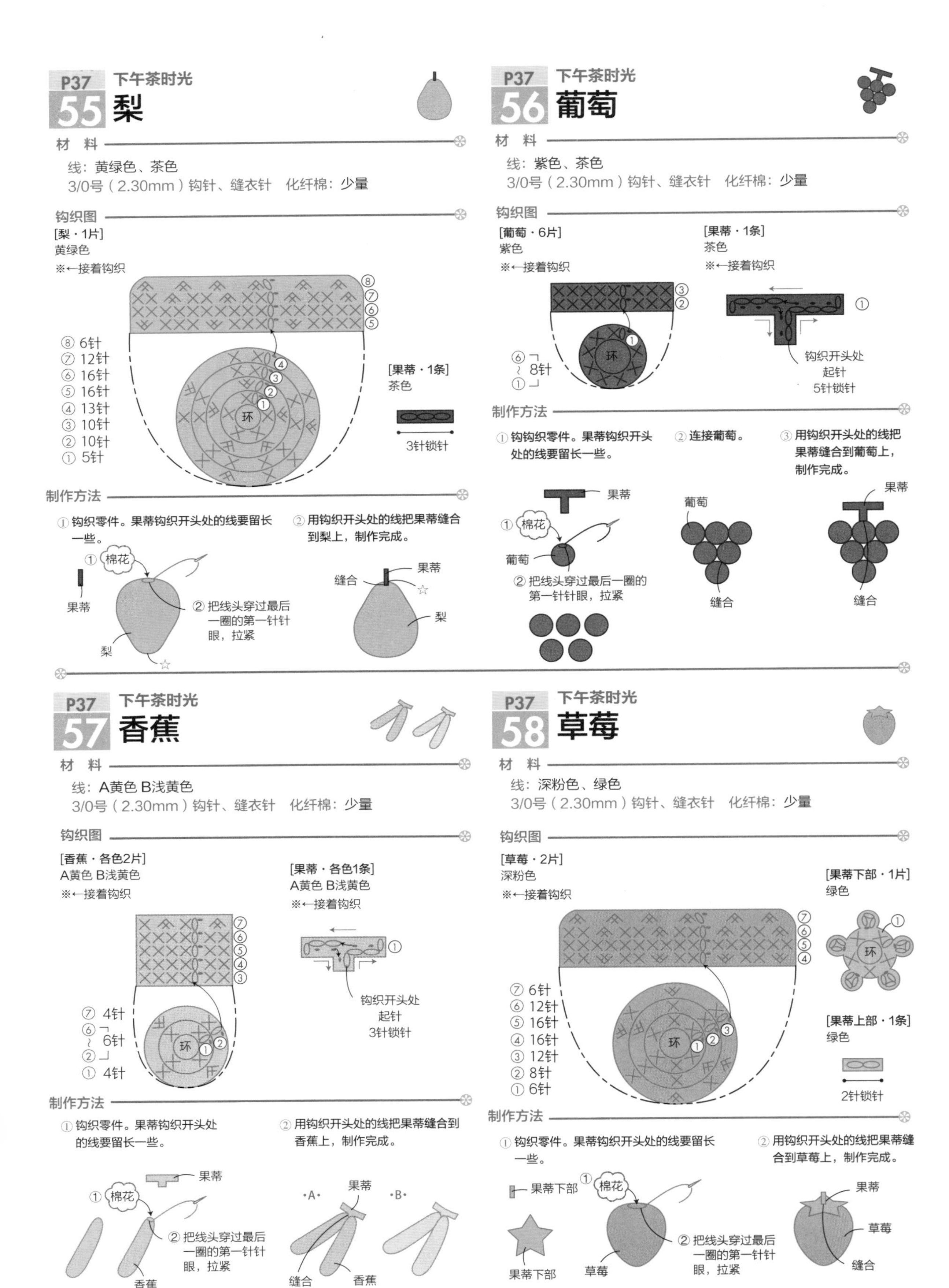
P37
下午茶时光
55 梨
材 料
线：黄绿色、茶色
3/0号（2.30mm）钩针、缝衣针 化纤棉：少量
钩织图
[梨 · 1片]
黄绿色
※←接着钩织
⑧ 6针
⑦ 12针
⑥ 16针
⑤ 16针
④ 13针
③ 10针
② 10针
① 5针
环
[果蒂 · 1条]
茶色
3针锁针
制作方法
① 钩织零件。果蒂钩织开头处的线要留长一些。
② 用钩织开头处的线把果蒂缝合到梨上，制作完成。
棉花
果蒂
② 把线头穿过最后一圈的第一针针眼，拉紧
梨
缝合
果蒂
梨
P37
下午茶时光
56 葡萄
材 料
线：紫色、茶色
3/0号（2.30mm）钩针、缝衣针 化纤棉：少量
钩织图
[葡萄 · 6片]
紫色
※←接着钩织
⑥ ～ ① 8针
环
[果蒂 · 1条]
茶色
※←接着钩织
钩织开头处
起针
5针锁针
制作方法
① 钩钩织零件。果蒂钩织开头处的线要留长一些。
② 连接葡萄。
③ 用钩织开头处的线把果蒂缝合到葡萄上，制作完成。
果蒂
棉花
葡萄
② 把线头穿过最后一圈的第一针针眼，拉紧
葡萄
缝合
果蒂
缝合
P37
下午茶时光
57 香蕉
材 料
线：A黄色 B浅黄色
3/0号（2.30mm）钩针、缝衣针 化纤棉：少量
钩织图
[香蕉 · 各色2片]
A黄色 B浅黄色
※←接着钩织
⑦ 4针
⑥ ～ ② 6针
① 4针
环
[果蒂 · 各色1条]
A黄色 B浅黄色
※←接着钩织
钩织开头处
起针
3针锁针
制作方法
① 钩织零件。果蒂钩织开头处的线要留长一些。
② 用钩织开头处的线把果蒂缝合到香蕉上，制作完成。
果蒂
棉花
② 把线头穿过最后一圈的第一针针眼，拉紧
香蕉
·A·
果蒂
·B·
缝合
香蕉
P37
下午茶时光
58 草莓
材 料
线：深粉色、绿色
3/0号（2.30mm）钩针、缝衣针 化纤棉：少量
钩织图
[草莓 · 2片]
深粉色
※←接着钩织
⑦ 6针
⑥ 12针
⑤ 16针
④ 16针
③ 12针
② 8针
① 6针
环
[果蒂下部 · 1片]
绿色
[果蒂上部 · 1条]
绿色
2针锁针
制作方法
① 钩织零件。果蒂钩织开头处的线要留长一些。
② 用钩织开头处的线把果蒂缝合到草莓上，制作完成。
果蒂下部
棉花
② 把线头穿过最后一圈的第一针针眼，拉紧
果蒂下部
草莓
果蒂
草莓
缝合

P38 下午茶时光

61 杯形蛋糕

材 料

线：均用洗水棉线，A淡蓝色 B粉色 C黄绿色 D紫色 E浅棕色
A~E均需白色、深棕色、红色、米黄色
4/0号（2.50mm）钩针、缝衣针 化纤棉：少量

颜色变化

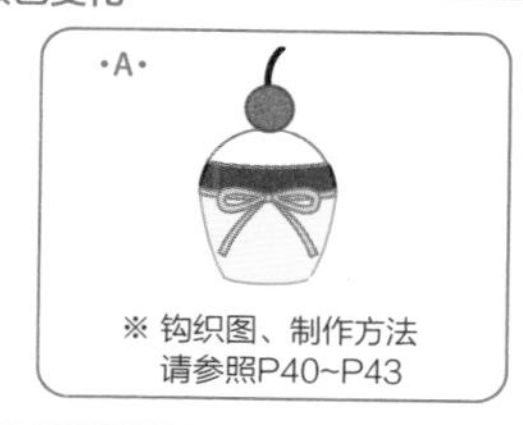

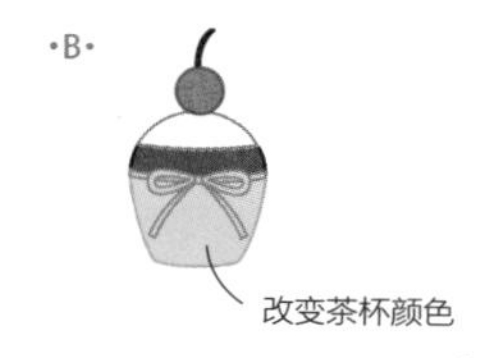

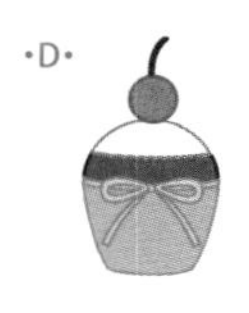

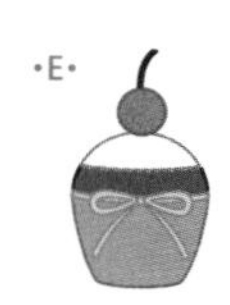

P39 下午茶时光

62 杯子

材 料

线：均用洗水棉线，A淡蓝色 B粉色 C黄绿色 D紫色 E红色 F藏青色
4/0号（2.50mm）钩针、缝衣针

钩织图

[杯子·各色1片]
A淡蓝色 B粉色 C黄绿色 D紫色 E红色 F藏青色
※←接着钩织

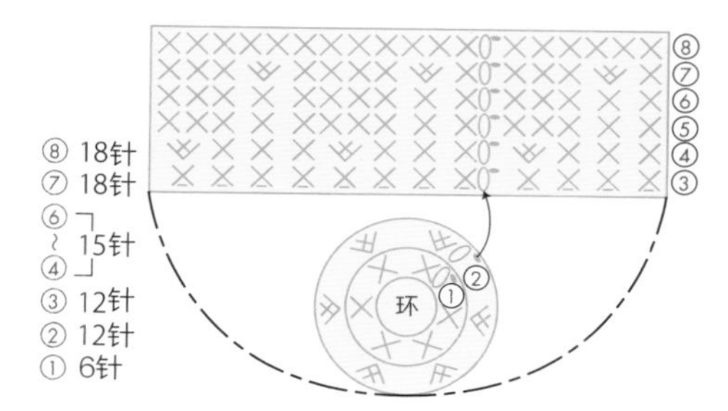

[杯把·各色1条]
A淡蓝色 B粉色 C黄绿色
D紫色 E红色 F藏青色

制作方法

① 钩织零件。杯把钩织开头处和结尾处的线要留长一些。

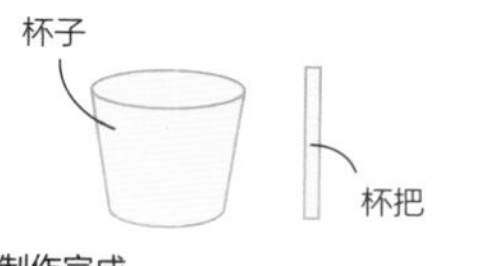

② 用钩织开头处和结尾处的线把杯把缝合到杯子上。

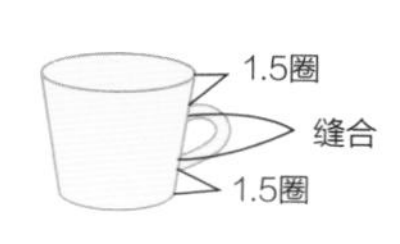

③ 制作完成。

P38 下午茶时光

60 茶杯首饰

材 料

和No.62杯子 A・B相同
皮绳：（0.3cm宽）原色各80cm
莱茵石：（直径3mm）A透明2个、蓝色1个
B粉红色2个、深粉色1个

制作方法

① 钩织杯子。

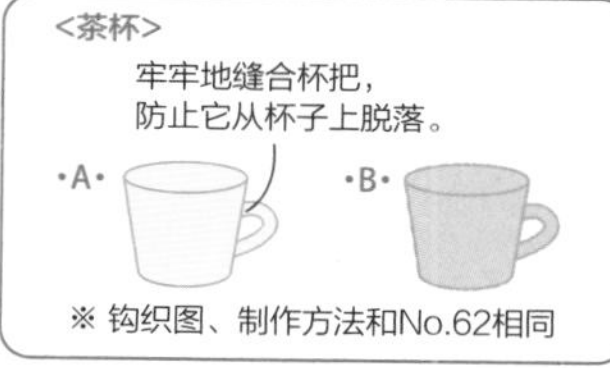

② 粘贴莱茵石。

③ 皮绳穿过杯子，制作完成。

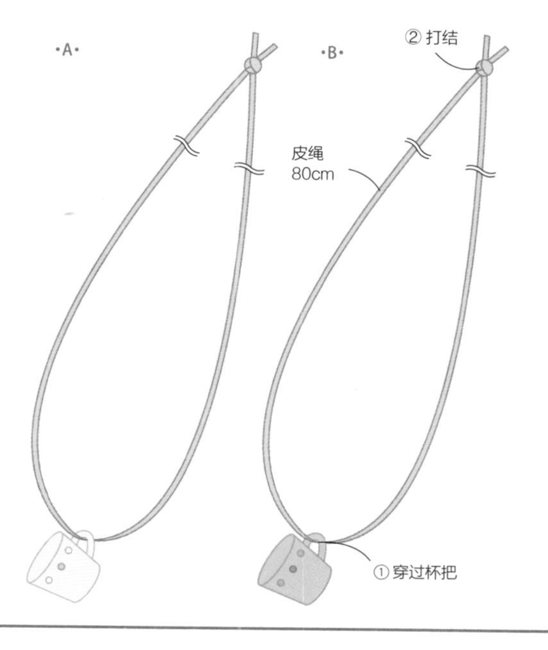

P39 下午茶时光

64 茶杯

材料

线：均用洗水棉线，A白色、粉红色 B白色、淡蓝色

4/0号（2.50mm）钩针、缝衣针

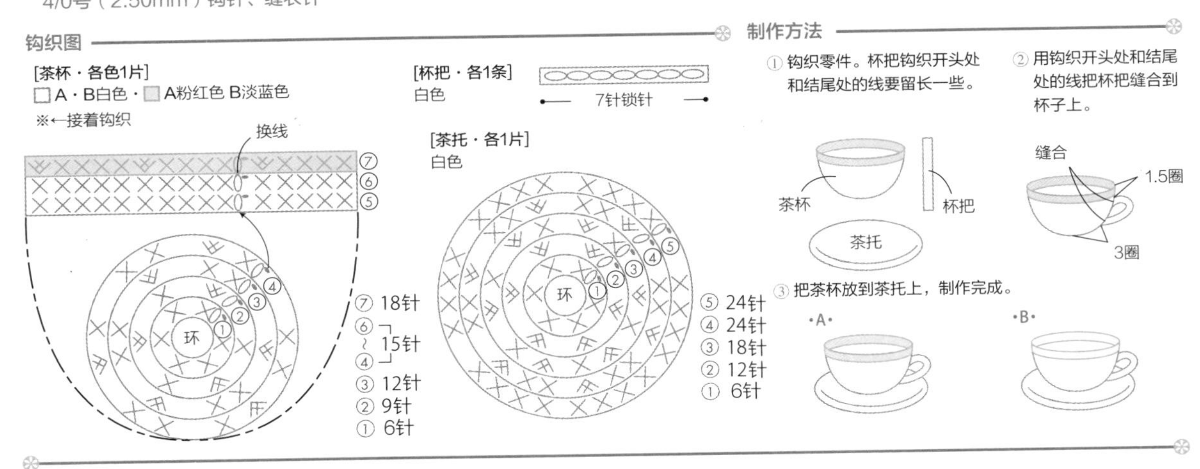

P39 下午茶时光

63 马卡龙

材料

线：均用洗水棉线，A黄绿色 B粉红色 C淡蓝色 D翡翠绿 E浅米黄色 F紫色 G红色 A~G均需白色

4/0号（2.50mm）钩针、缝衣针

钩织图

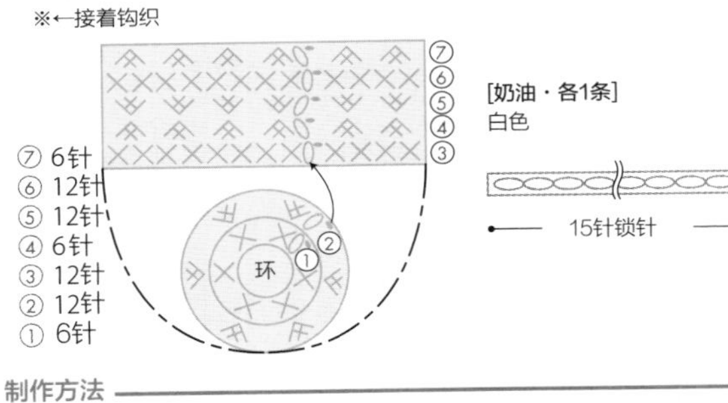

制作方法

① 钩织零件。奶油钩织开头处和结尾处的线要留长一些。

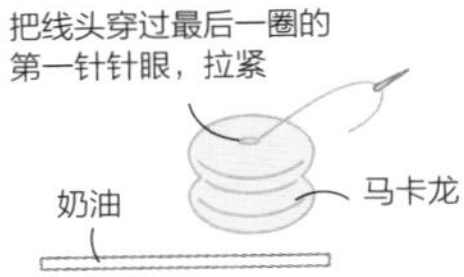

② 用钩织开头处和结尾处的线把奶油添加到马卡龙上。

奶油绕一圈，两端打结，线头刺入马卡龙里面，剪断

线头穿过中心来回绕一圈，拉出线头，修整外观

③ 制作完成。

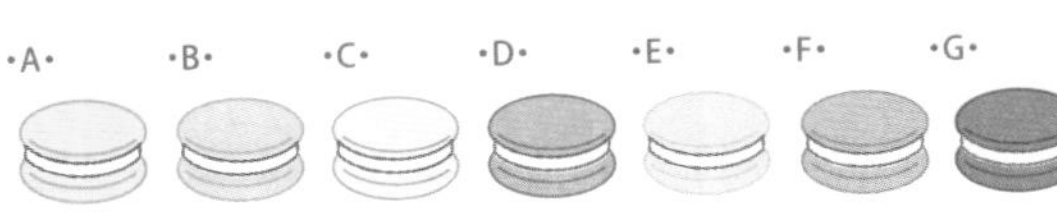

P39 下午茶时光

65 茶包

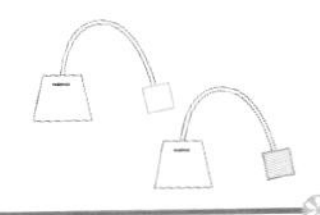

材料

线：均用洗水棉线，A淡蓝色 B米黄色 A・B均需白色、灰色

4/0号（2.50mm）钩针、缝衣针

钩织图

[茶包・各1片]
白色

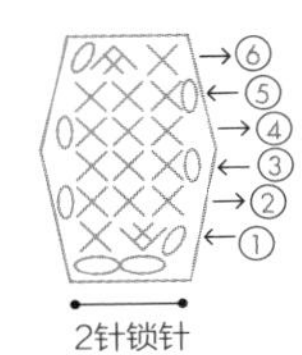

[标签・各色1片]
A淡蓝色 B米黄色

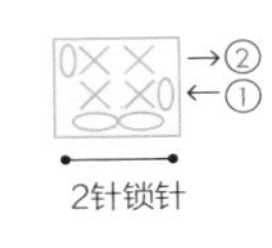

制作方法

① 钩织零件。

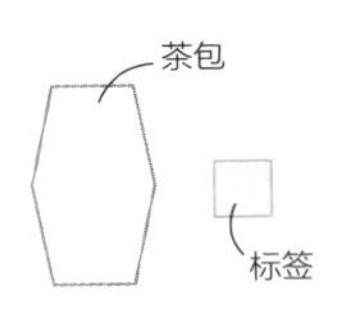

② 制作茶包。

茶包

对折，卷针缝

直线绣法（灰色・1条）

※ 刺绣方法…P77

③ 制作标签。

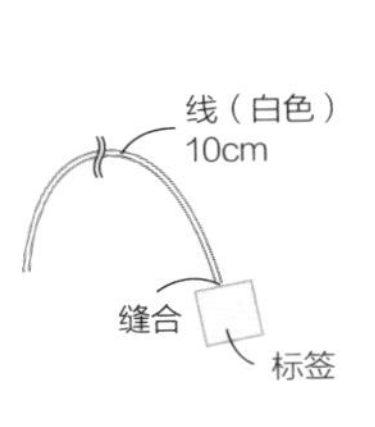

④ 把标签添加到茶包上，制作完成。

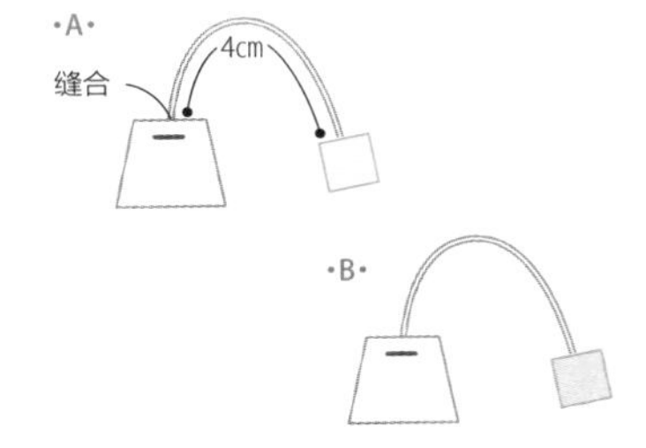

P37 下午茶时光

59 水果首饰

材 料

和No.51~58 水果（P71~P72）相同

皮绳：（0.3cm宽）原色85cm 圆环：（3.5mm）金色8个

制作方法

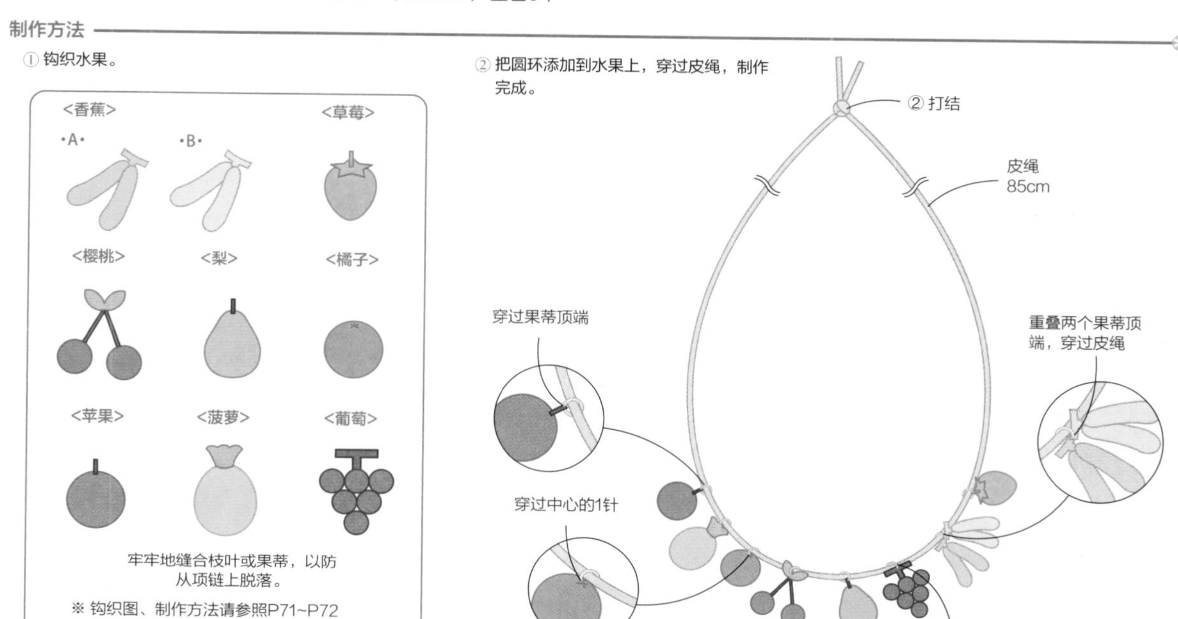

P45 幸福主题

68 桃心

材 料

线：A本色 B浅橙黄色 C橙黄色 D浅粉色 E粉红色 F红色 G深粉色 H紫色 I浅紫色 J浅蓝色 K蓝色 L淡蓝色 M青色 N黄绿色 O绿色 P浅黄色 Q黄色 R茶色 S深棕色 T灰色

3/0号（2.30mm）钩针、缝衣针 化纤棉：少量

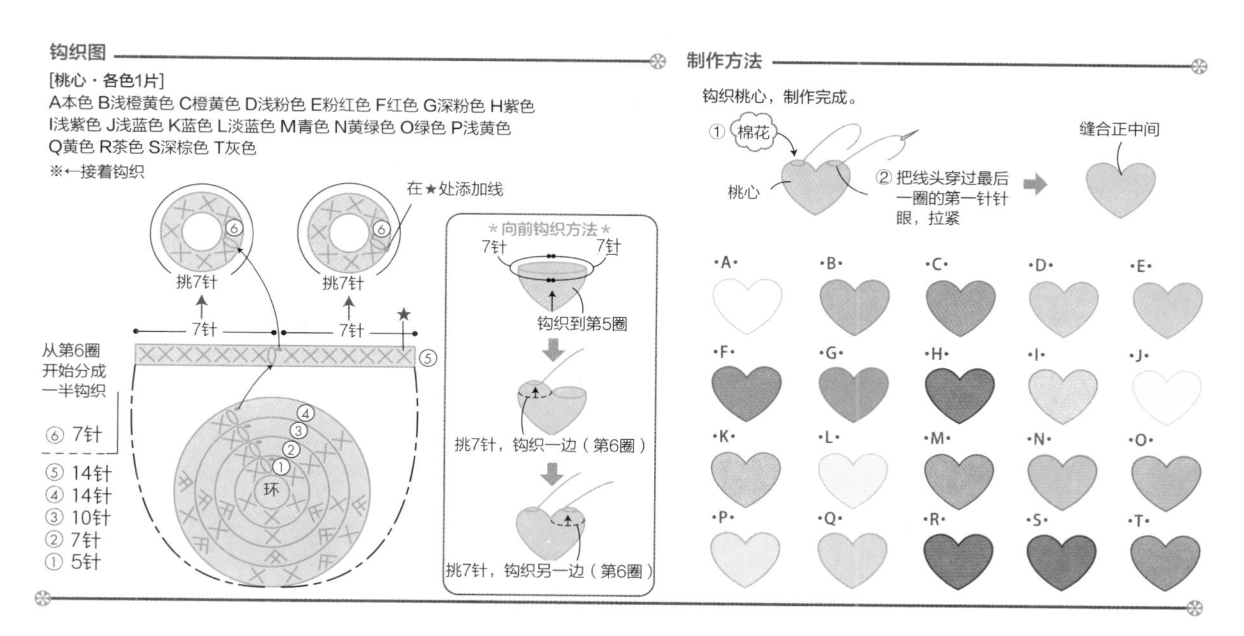

P44 幸福主题

66 小熊和小兔

材 料

线：A淡蓝色夹丝绵线、本色夹丝绵线 B蓝色、淡蓝色 C浅粉色、深粉色 D本色夹丝绵线、浅紫色　B~D均需黑色

3/0号（2.30mm）钩针、缝衣针　化纤棉：少量

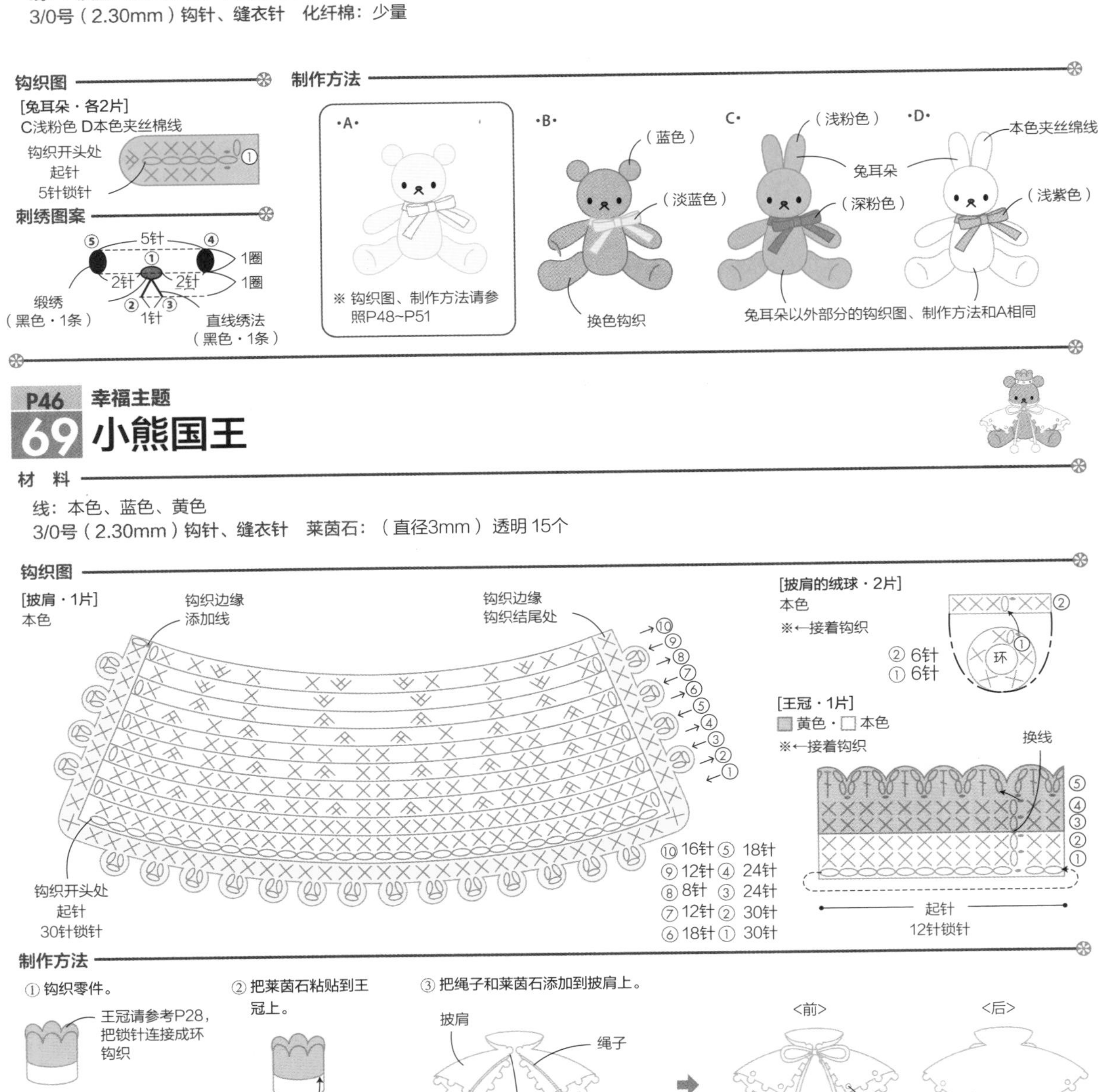

制作方法

① 钩织零件。

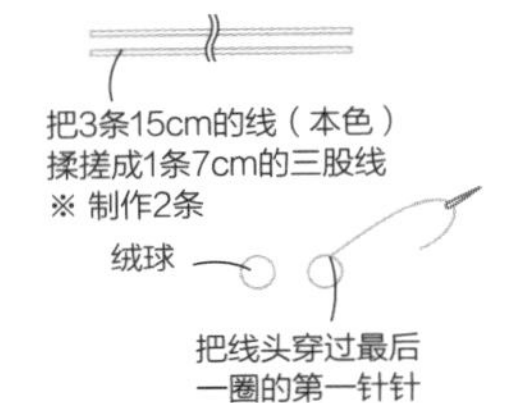

② 把莱茵石粘贴到王冠上。

③ 把绳子和莱茵石添加到披肩上。

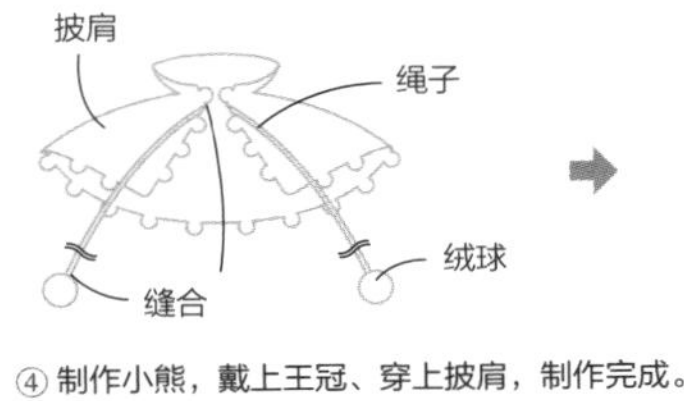

④ 制作小熊，戴上王冠、穿上披肩，制作完成。

P47 幸福主题

70 桃心耳环

材 料

线：粉红色 3/0号（2.30mm）钩针、缝衣针 化纤棉：少量
耳环零件：金色1对 链条：金色5cm 圆环：（3.5mm）金色4个

钩织图

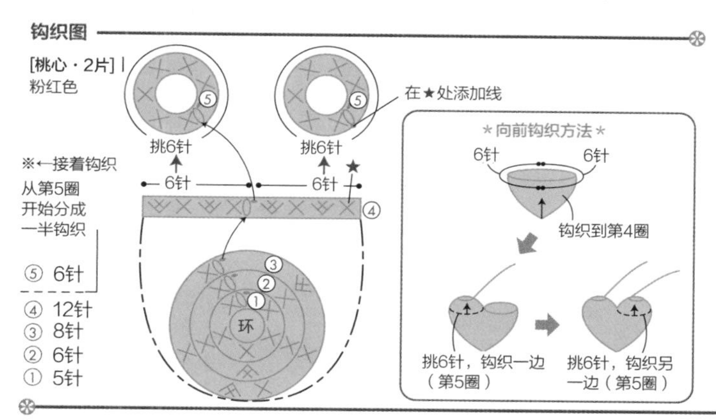

制作方法

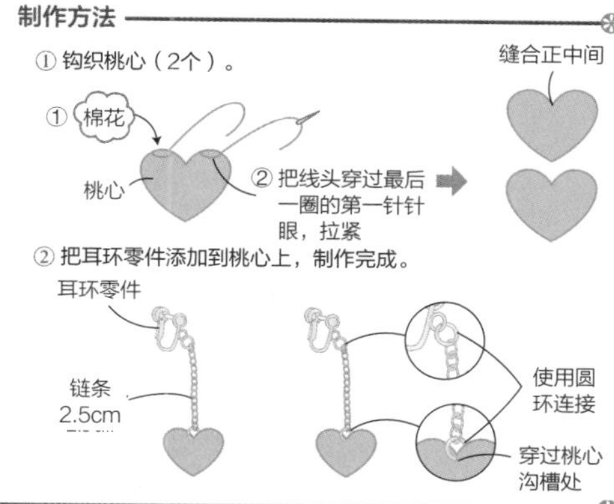

P47 幸福主题

71 桃心项链

材 料

和No.68 桃心F（P75）相同
链条：金色44cm 圆环：（3.5mm）金色2个
圆形弹簧项链头、开口圈：金色各1个

钩织图

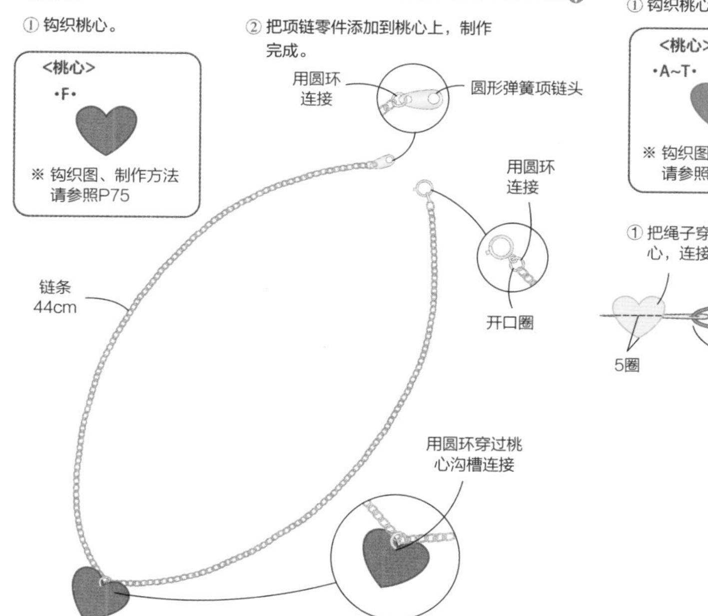

P47 幸福主题

72 桃心首饰

材 料

和No.68 桃心A~T（P75）相同
线：青色200cm

制作方法

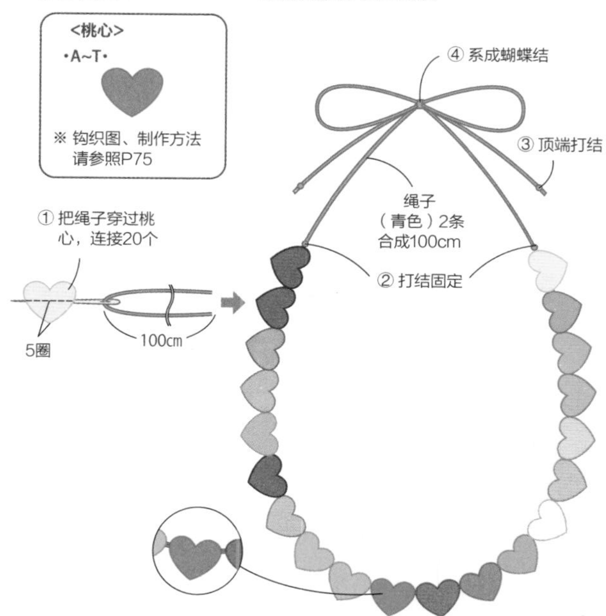

刺绣方法

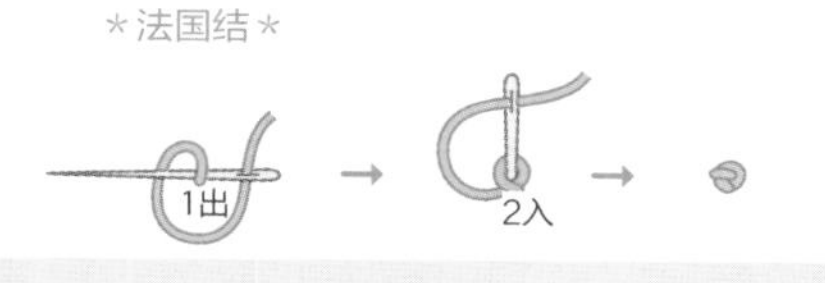

＊锁针起针方法＊

① 利用手指做一个圆圈。

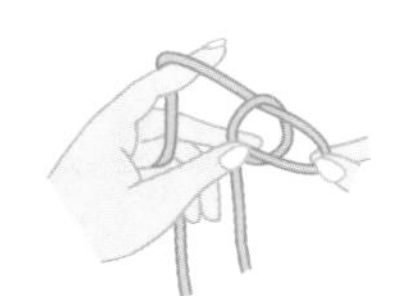
② 把线从圆圈中拉出来。

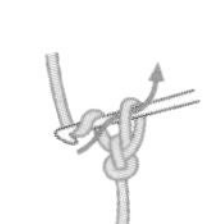
③ 把钩针穿过步骤2中的圈，拉紧线，把线挂到钩针上。

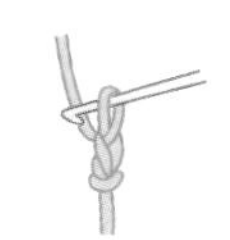
④ 直接引拔，1针锁针钩织完成。

⑤ 重复步骤4，钩出所需针数。

钩织符号及方法 （P56~P77用到的）

短针的条纹针2针并1针

① 把针插入上一行前侧一针的针眼里，挽起1根线。

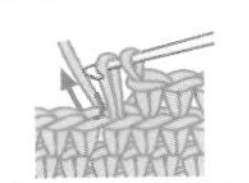
② 针上挂线，拉出来。

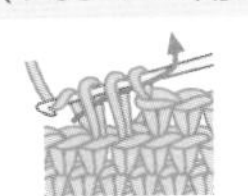
③ 把钩针插入下一针针眼里，挂线，引拔，针上再挂一次线。

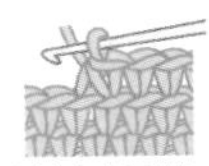
④ 一次性全部引拔，短针的条纹针2针并1针钩织完成。

中长针2针并1针

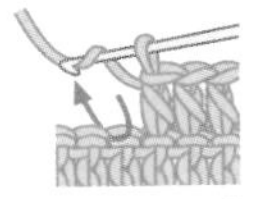
① 针上挂线，把钩针插入上一行的针眼里。

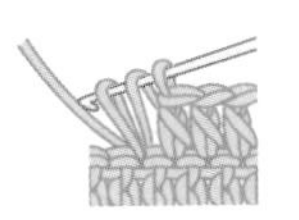
② 针上挂线，拉出来。

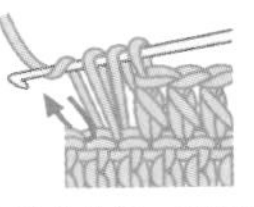
③ 针上挂线，把钩针插入下一针针眼里。

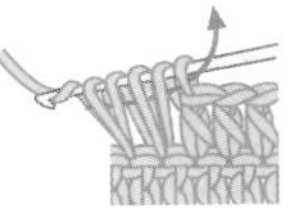
④ 重复步骤2，针上挂线，一次性全部引拔。

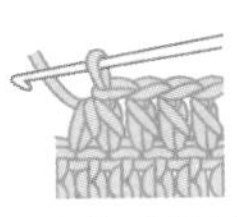
⑤ 中长针2针并1针钩织完成。

中长针2针的枣形针

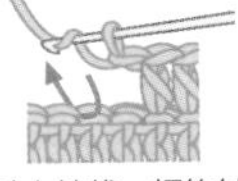
① 针上挂线，把钩针插入上一行的针眼里。

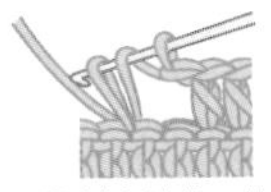
② 针上挂线，拉出来。

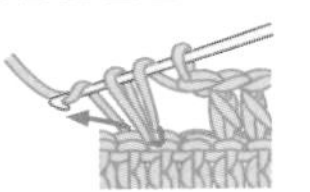
③ 针上挂线，把钩针插入同一针的针眼里。

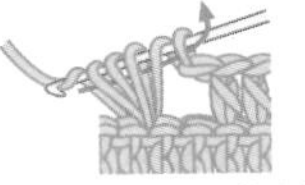
④ 重复步骤2，针上挂线，一次性全部引拔。

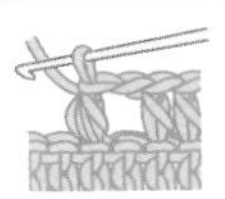
⑤ 中长针2针的枣形针钩织完成。

1针分2针长针

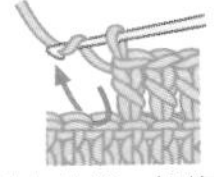
① 针上挂线，把钩针插入上一行的针眼里。

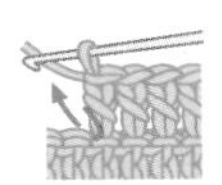
② 钩织1针长针。

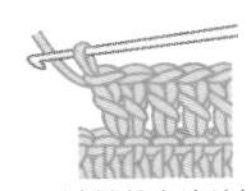
③ 在同一针处钩织长针，1针分2针长针钩织完成。

将长针2针的枣形针钩成束状

在下面的长针2针的枣形针的步骤1中，插入钩针的时候，要把针插入能把上一行的锁针卷起来的部分中。步骤2之后过程相同。

长针2针的枣形针

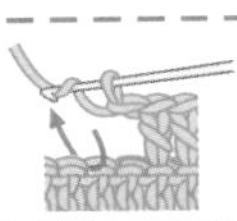
① 针上挂线，把钩针插入上一行的针眼里。

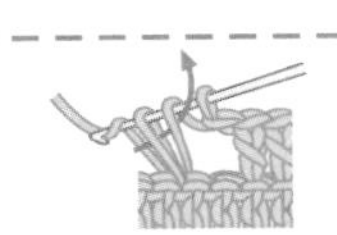
② 针上挂线，拉出来，针上再挂一次线，引拔2针。

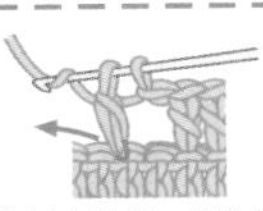
③ 针上挂线，把钩针插入同一针的针眼里。

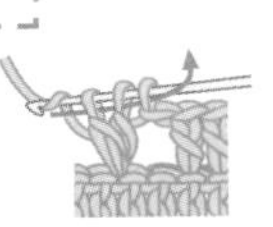
④ 重复步骤2~3，针上挂线，一次性全部引拔。

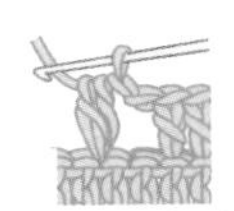
⑤ 长针2针的枣形针钩织完成。

将长针3针的枣形针钩成束状

① 针上挂线，穿过上一行的锁针，从对侧穿出。

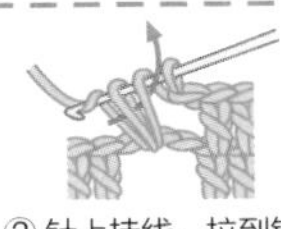
② 针上挂线，拉到锁针跟前，引拔2针。

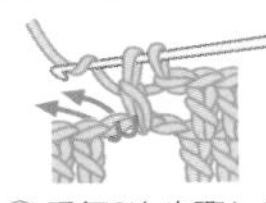
③ 重复2次步骤1~2。

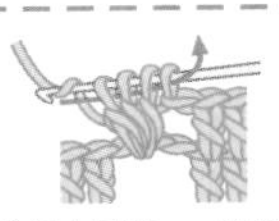
④ 针上挂线，一次性全部引拔。

⑤ 将长针3针的枣形针钩成束状钩织完成。

长长针

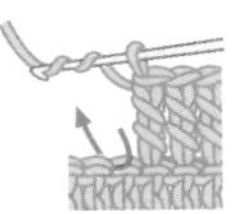
① 针上挂2次线，把钩针插入上一行的针眼里。

② 针上挂线，拉出来，针上挂线，引拔2针。

③ 针上再挂一次线，引拔2针。

④ 针上再挂一次线，一次性全部引拔。

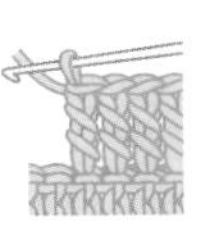
⑤ 1针长长针钩织完成。

长长针2针的枣形针

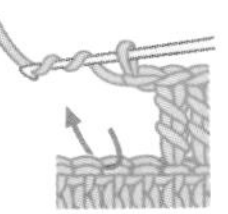
① 针上挂2次线，把钩针插入上一行的针眼里。

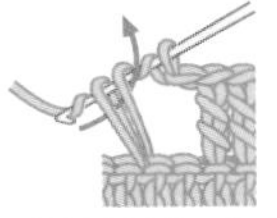
② 针上挂线，拉出来，针上挂线，引拔2针。

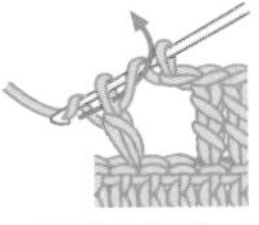
③ 针上挂线，引拔2针。

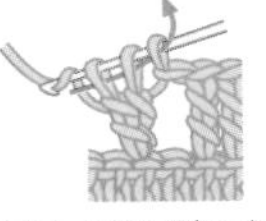
④ 在同一针处重复1次步骤1~3，针上挂线，一次性全部引拔。

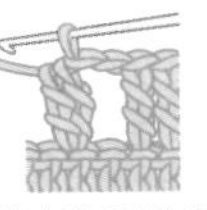
⑤ 长长针2针的枣形针钩织完成。

钩织符号及方法索引

以下是本书中使用的钩织符号及方法，
有不明白的地方时请参照此页。

图书在版编目（CIP）数据

简单彩线钩出时尚小物 /（日）寺西惠里子著；宋天涛译 . -- 南京：江苏凤凰科学技术出版社，2015.12
ISBN 978-7-5537-5574-8

Ⅰ . ①简… Ⅱ . ①寺… ②宋… Ⅲ . ①手工艺品－钩针－编织－图集 Ⅳ . ① TS935.521-64

中国版本图书馆 CIP 数据核字 (2015) 第 246410 号

简单彩线钩出时尚小物

著　　者　【日】寺西惠里子
译　　者　宋天涛
责任编辑　张远文　葛　昀
责任监制　曹叶平　周雅婷

出版发行　凤凰出版传媒股份有限公司
　　　　　江苏凤凰科学技术出版社
出版社地址　南京市湖南路1号A楼，邮编：210009
出版社网址　http://www.pspress.cn
经　　销　凤凰出版传媒股份有限公司
印　　刷　北京旭丰源印刷技术有限公司

开　　本　787 mm × 1092 mm　1/16
印　　张　5
字　　数　90千字
版　　次　2015年12月第1版
印　　次　2015年12月第1次印刷

标准书号　ISBN 978-7-5537-5574-8
定　　价　26.00元